浙江省普通高校"十三五"新形态教材　　高等院校儿童动漫系列教材

浙江师范大学重点教材建设资助项目

三维动画基础

周　巍　编著

电子工业出版社

Publishing House of Electronics Industry

北京·BEIJING

内 容 简 介

三维动画入门的门槛较高，这是因为三维动画软件的命令繁多、各种教程良莠不齐，从而导致三维动画初学者无从下手。对于软件的学习，不以命令的掌握、案例的实现为第一要义，重要的是要具备解决问题的能力，即确定解决方案的能力。以基础命令实现复杂效果，一直是初学者快速解决问题的不二法门。

本书以三维动画软件 Maya 为基础，作为三维动画入门的基础教材，主要面向零基础初学者。通篇没有复杂命令，对建模、材质贴图、灯光、渲染、动画的常用基础命令都进行了讲解。即便是令初学者谈而色变的表达式在本书中也有涉及。本书力求简洁，以初学者能快速掌握三维动画设计的方法为目的。

未经许可，不得以任何方式复制或抄袭本书之部分或全部内容。
版权所有，侵权必究。

图书在版编目（CIP）数据

三维动画基础 / 周巍编著. -- 北京 : 电子工业出版社, 2024. 8. -- ISBN 978-7-121-48750-7

Ⅰ. TP391.414

中国国家版本馆 CIP 数据核字第 202478VX45 号

责任编辑：孟　宇
印　　刷：北京宝隆世纪印刷有限公司
装　　订：北京宝隆世纪印刷有限公司
出版发行：电子工业出版社
　　　　　北京市海淀区万寿路 173 信箱　　邮编：100036
开　　本：787×1092　1/16　　印张：8　　字数：186 千字
版　　次：2024 年 8 月第 1 版
印　　次：2024 年 8 月第 1 次印刷
定　　价：69.80 元

凡所购买电子工业出版社图书有缺损问题，请向购买书店调换。若书店售缺，请与本社发行部联系，联系及邮购电话：(010)88254888，88258888。
质量投诉请发邮件至 zlts@phei.com.cn，盗版侵权举报请发邮件至 dbqq@phei.com.cn。
本书咨询联系方式：mengyu@phei.com.cn。

"高等院校儿童动漫系列教材"
编委会成员名单

"高等院校儿童动漫系列教材"聘请多名相关专业领域的知名理论和技术专家、教授，并联合全国主要师范院校的动漫（动画、玩具、数媒专业）教学骨干教师成立教材编写委员会。编委会成员名单如下。

荣誉主编
朱明健（教授，武汉理工大学，教育部动画与数媒专业教指委副主任）
秦金亮（教授，浙江师范大学，中国学前教育研究会副会长）

主编
朱宗顺（教授，浙江师范大学儿童发展与教育学院）
张益文（副教授，浙江师范大学儿童发展与教育学院动画系）
周　平（副教授，浙江师范大学儿童发展与教育学院动画系）

副主编
严　晨（教授，北京印刷学院新媒体学院院长，教育部动画与数媒专业教指委委员）
王　晶（浙江师范大学儿童发展与教育学院动画系主任）
房　杰（浙江师范大学儿童发展与教育学院动画系副主任）
何玉龙（浙江师范大学儿童发展与教育学院玩具专业主任）

编委会成员
林志民（教授，浙江师范大学儿童发展与教育学院动画系）
周　越（教授，南京信息工程学院，教育部动画与数媒专业教指委委员）
周　艳（教授，武汉理工大学，教育部动画与数媒专业教指委委员）
盛　瑨（教授，南京艺术学院传媒学院副院长）
徐育中（教授，浙江工业大学动画系主任）
曾奇琦（副教授，浙江科技学院动画系主任）
阮渭平（副教授，衢州学院艺术设计系主任）
赵　含（副教授，湖北工程学院动画玩具系负责人）
袁　喆（讲师，浙江师范大学行知学院设计艺术学院产品设计专业）
李　方（副教授，苏州工艺美术职业技术学院工业设计系负责人）
白艳维（宁波幼儿师范高等专科学校动画与玩具系负责人）
胡碧升（杭州贝玛教育科技有限公司高级玩具设计师）

杨尚进（杭州小看大教育科技有限公司高级玩具设计师）
郑红伟（浙江师范大学儿童发展与教育学院动画专业教师）
王　婍（浙江师范大学儿童发展与教育学院动画专业教师）
周　巍（浙江师范大学儿童发展与教育学院动画专业教师）
任佳盈（浙江师范大学儿童发展与教育学院玩具专业教师）
陈雪芳（浙江师范大学儿童发展与教育学院玩具专业教师）
邱　波（浙江师范大学儿童发展与教育学院动画专业教师）
陈涤尘（浙江师范大学儿童发展与教育学院动画专业教师）
陈丽岚（浙江师范大学儿童发展与教育学院动画专业教师）
翁云云（浙江师范大学儿童发展与教育学院玩具专业教师）
朱毅康（浙江师范大学儿童发展与教育学院玩具专业教师）
陈　征（浙江师范大学儿童发展与教育学院玩具专业教师）
陈珊珊（浙江师范大学儿童发展与教育学院玩具专业教师）

总　　序

　　动漫作为一种颇具蓬勃活力的新兴文化与艺术传播形式，在当今时代中发展迅速，有着非常高的受众群体覆盖率和社会普及度。提高动漫载体的文化素养，启迪艺术动漫的高尚审美表达，拓展动漫技术的深度及广度，是动漫教育需要解决的几个关键问题。而系统性动漫教材是动漫人才教育和培养中不可缺失的一环，目前，全国高等院校动画专业的建设中已累积了一些形式多样的通用型动漫类教材，且有着长足的发展与进步。然而关于动漫的主要受众群体——儿童的需求，各高等院校在人才培养方案及教材建设中却鲜有涉及，特别是开设动画专业的高等师范院校，它们对培养具有"儿童特色"动漫人才的系统性动漫教材的需求尤为迫切。

　　随着动漫产业链的快速发展，一方面，儿童动画占据了动漫影视的大半壁江山，儿童玩具行业的发展也非常迅速；另一方面，儿童动画的研究及人才培养却比较薄弱，并且服务于儿童玩具设计与制造的人才也普遍缺乏儿童视角的熏陶。更重要的是，动画和玩具分属不同的学科专业，不能整合回应儿童的需求。由于各高等院校一直以来没能很好地引入儿童生态式的艺术教育理念，缺乏对儿童群体的深入研究，同时儿童玩具设计也没能很好地向"动漫衍生产品设计"方向转换，依靠现有通用的人才培养体系，各高等院校并不具备输出复合型儿童动画和儿童玩具高端设计人才的能力。因此，如何突破儿童动画艺术创作、儿童玩具设计、儿童玩具制造人才缺乏的瓶颈，既是动漫行业面临的问题，又是动漫教育需要应对的挑战。

　　在目前国家大力倡导新文科建设、推崇学科交叉融合的背景下，儿童动画和儿童玩具设计融合发展既给新型专业建设带来巨大的想象空间，又成为助力儿童健康成长的必然选择。

　　浙江师范大学儿童发展与教育学院动画专业经过10余年的前期专业建设和教学资源储备，形成了鲜明的"儿童动画"专业特色；学院在开设儿童动画专业之初，便秉持"一切为儿童"的办学理念，依托学院早期儿童发展与教育优势学科，始终立足于打造"儿童动画"专业特色，现该专业已成为学院聚焦儿童专业群的重要组成部分，也是学院专业建设特色的亮点。同时，学院在专业设置上增加了"儿童动漫衍生产品设计"的内容，探索在儿童动画和儿童玩具设计融合发展的道路，也使专业建设具备较强的动漫大类多学科融合发展优势。在教师与科研团队的配置上，除了儿童动画与儿童玩具设计专业教师，学院还配备了儿童文学与艺术、儿童语言与行为研究、儿童认知与技术标准、动漫材料与工程设计等团队，充分体现了多学科融合发展的新时代特色。正是在与"儿童学"

研究相结合的专业建设背景下，学院产出了一批较有影响力的教学科研成果，取得了良好的社会效益。本套系列教材就是在多年积累与酝酿基础上的教学成果的集成与体现。

编委会根据前述教材编写背景与实际教学需求，规划出本套系列教材，与其他国内外同类教材相比较，本套系列教材具备以下4个方面的特点。

一、目标指向明确，突出儿童特色

一方面，本套系列教材的目标读者是高等院校动漫类专业的学生。高等院校动画专业教材，尤其是高等师范院校动漫类专业教材，应明确聚焦于儿童动画与儿童发展理念的深度结合，突出儿童特色。对此，本套系列教材编写团队充分认识儿童的身心特点、认知发展规律，并充分利用院校与中小学、幼儿园和特殊学校的实践平台，通过实习实践、联合教学科研项目等方式，将教学研究成果在儿童群体中进行检验和校正；同时，关注和重视最新儿童学研究成果的吸收和转化，并将其引入动漫课堂与教材编写中，以真正设计出面向儿童发展、目标明确、科学合理的高等院校教材。另一方面，本套系列教材编写团队能够充分融通早期儿童发展与儿童动画、儿童玩具设计创作新理念，在完整的儿童发展与教育理论基础上，吸收新型科学技术转换成果，以动漫文化产业链为线索，整合儿童动画与儿童玩具设计集群优势，打造真正基于儿童发展理念的动漫类专业系列教材。

教育革新的背景是产业结构的升级换代，儿童动画与儿童玩具行业都经历了从代工生产向自主知识产权发展的转变，高等教育培养目标的重心也从培养生产型人才转向培养文化创意型人才。如果固守通用型动漫人才培养模式，忽视对动漫主要受众群体的研究，那么培养兼具创意及营销能力的高端人才也就成了空中楼阁。我国的儿童动画玩具作品与欧美的优秀儿童动画玩具作品相比，真正拉开差距之处在于对原创性儿童文化内容的深入挖掘与创意表达。随着产业升级和对儿童群体研究的深入，传统的以造型设计和生产制造为主的动漫人才培养模式已不再符合时代的需求。本套系列教材旨在打造理解儿童发展的基本理念，深谙动漫文化产品受众的特性与市场规律，具备文理交叉知识，懂得新技术、新理念的复合型动漫文化创意人才培养体系。

二、强调动漫大类交叉融合，与新文科建设相契合

在前期整体规划阶段，编写团队通过查阅和分析国内外现有动漫类教材的框架、体系结构，结合教育部提出的新文科建设理念，明确了本套系列教材的编写更强调动漫大类相关学科、专业之间的交叉与融合。

其中，一个关键点是通过强调"儿童动漫衍生产品"的概念，引入儿童玩具设计方向的教学内容，打破儿童动画与儿童玩具固有的专业和行业壁垒，尝试再造新型教学流程和教学体系。当前，很大一部分的大型玩具公司都通过动画形象IP来开发其玩具的衍

生产品。从专业技术角度来看，动画设计从角色造型设计、动作表演，到逐格动画人偶与场景的制作，再到后续动漫衍生产品的设计和开发，都与玩具的设计、材料、工艺紧密关联。如果能在一个课程系统中解决从儿童动画到儿童玩具艺术与技术转换的诸多问题，将完美贴合产业链条的真实需求，打造更科学、精准的人才培养体系，同时也符合动漫大类体系中完整产业链的特征。

更为重要的是，服务于儿童成长的动漫大类体系中理应有着对儿童发展与教育的深刻理解，这也正是浙江师范大学儿童发展与教育学院动画专业的优势所在。在新文科建设背景下，本套系列教材从专业建设角度考察儿童动画与动漫衍生产品的交叉融合，以及儿童动画、儿童玩具和学前教育、特殊教育的融合，研究其为适应时代发展做出的改变与创新，鲜明体现新一轮科技、产业与学科专业变革的需求。

三、充分发挥校企合作优势，构建新形态教材大数据资源库

浙江师范大学儿童发展与教育学院动画专业位于动漫产业蓬勃发展的省会城市——杭州，在与高新技术接轨方面具有明显的优势。在多年来的专业建设中，编写团队已与行业内多家知名动画和玩具企业建立了长期的校企合作关系，编写团队的核心成员与企业开展基于真实儿童动画玩具项目的联合教学，共同积累了一批与专业课程相关的实用型素材和一定规模的大数据资源库。与此同时，编写团队中也不乏曾就职于迪士尼、华强方特等知名动画和玩具企业的双师型教师，行业中的专业技术人才，以及具有丰富设计经验的开发人员。因此，本套系列教材体现了校企融合的理念，不仅可以作为相关专业学生的教材，也可以作为相关行业从业人员的指导书。

随着科学技术尤其是互联网技术的迅猛发展，传统纸质教材已经难以满足现代教育的需求。与传统纸质教材相比，编写团队打造的这套纸质教材与数字化资源一体化的新形态教材具有以下优势：能够充分反映课堂教学模式及学习方式的变化，强化儿童动画和儿童玩具课程中的流媒体演示与三维设计立体呈现优势；通过整理和创建实用型案例和大数据资源库，以及教材使用中保存的过程性学习材料，收集学生终端数据并及时反馈，新形态教材更具灵活性和延展性，给相关专业学生和行业从业人员带来崭新、高效的学习体验。

四、增强系列教材的针对性，填补通用型动漫教材的结构短板

与国内外同类动漫教材相比，本套系列教材既面向高等院校动画专业，也更加贴合高等师范院校动漫类专业的教学需求，具有较强的针对性。国内市场上的动漫教材虽然多以系列教材方式呈现，但大都是通用型动漫教材，结构比较单一；国外动漫教材中不乏针对儿童动漫的高质量教材，但都比较零散，而且同样存在体系单一的问题。在当前

校企融合的大趋势下，规划既强调动漫大类中的"动画设计"与"动漫衍生产品设计"相融合，也突出高等师范院校的动漫类专业系列教材的儿童特色属性，可以很好地填补通用型动漫类教材的结构短板，符合新型学科、专业建设的理念和实际需求。

本套系列教材的编写与出版得到了浙江师范大学儿童发展与教育学院领导的关心和大力支持，获得了浙江师范大学重点教材建设资助项目的出版经费资助；在经过省教材委员会审定后，本套系列教材获得浙江省第三批新形态教材项目立项。另外，在本套系列教材的构思与策划阶段，我们也得到了国内许多兄弟院校动画专业教师、大型动画企业单位技术骨干的支持和建议，特别是得到了教育部动画与数媒专业教指委副主任朱明健教授，中国学前教育研究会副会长、儿童教育专家秦金亮教授的指导，在此一并致以衷心的感谢！

编委会

2021 年 12 月 杭州

前　　言

　　三维动画技术作为电脑美术的一个分支，随着软硬件技术的发展，已经广泛应用于各领域。市面上有各类层出不穷的教材、网络上充斥着大量的教程，其中不乏精品，然而，初学者却看不懂！面对大量的案例、海量的操作与命令，常常让初学者驻足门外而不敢入。

　　然而三维动画设计入门真的很难吗？答案是否定的。

　　对于软件的学习，不以命令的掌握、案例的实现为第一要义，重要的是要掌握解决问题的能力，即确定解决方案的能力。以基础命令实现复杂效果，一直是初学者快速解决问题的不二法门，之后再进行案例及深层命令的学习，就会有"噢，原来如此"，甚至"不过如此"的感受。

　　本书作为三维动画入门的基础教材，主要面向零基础初学者，通篇没有复杂命令，即便是令初学者谈而色变的表达式，在经过本书讲解后，初学者也会有"这就是表达式？这也太简单了吧"的感觉。本书主打的就是"简单入门，快速掌握"。

　　希望初学者能简单、快乐、轻松地掌握三维动画设计基础知识，快速入门，早日打开三维动画这扇瑰丽之门。

编　者
2024 年 4 月

目　　录

第 1 章　初识三维 ··· 1
　1.1　三维简介 ·· 2
　1.2　三维动画分类 ··· 2
　1.3　三维动画剧本与分镜创作 ··· 3

第 2 章　Maya 入门 ··· 4
　2.1　Maya 简介 ··· 5
　2.2　Maya 界面 ··· 6
　　2.2.1　菜单栏 ··· 7
　　2.2.2　状态栏 ··· 8
　　2.2.3　工具架 ··· 10
　　2.2.4　视图区 ··· 11
　　2.2.5　通道栏和图层区 ··· 12
　　2.2.6　工具栏 ··· 13
　　2.2.7　动画控制区 ··· 13
　　2.2.8　命令栏和帮助栏 ··· 13

第 3 章　上手第一课 ·· 15
　3.1　Maya 基本操作规范 ··· 16
　3.2　初入三维空间 ··· 19
　3.3　材质基础 ·· 22
　3.4　关键帧动画及组的使用 ·· 24

第 4 章　道具与场景建模 ·· 29
　4.1　次物体编辑基础 ·· 30
　4.2　常用次物体编辑命令 ·· 32
　4.3　模型的细化处理 ·· 35
　4.4　晶格变形与线变形 ··· 37
　4.5　贴图与制作规范 ·· 41
　4.6　精确模型制作 ··· 42
　4.7　场景建模 ·· 45

第 5 章　材质、灯光与渲染 ·· 49
　5.1　材质的基本属性 ·· 50
　　5.1.1　基础材质 ·· 51

5.1.2　材质的基本属性 ·············· 51
　5.2　贴图原理及UV基础应用 ·············· 57
　5.3　贴图的调整与使用 ·············· 60
　5.4　渲染的基本设置 ·············· 62
　5.5　灯光基础属性 ·············· 68
　5.6　灯光特效 ·············· 73
　5.7　软件渲染器与阿诺德渲染器的布光方法 ·············· 75
　5.8　摄像机的基本属性 ·············· 79

第6章　基础进阶 ·············· 82
　6.1　模型的渲染属性 ·············· 83
　6.2　景深测量工具及表达式 ·············· 84
　6.3　路径动画与动画曲线编辑器 ·············· 88
　6.4　摄像机路径动画 ·············· 90
　6.5　主观镜头动画 ·············· 91
　6.6　曲面建模 ·············· 92
　6.7　在模型上绘制贴图 ·············· 97
　6.8　特效笔刷 ·············· 99
　6.9　卡通材质的使用 ·············· 103
　6.10　透明贴图与贴图动画 ·············· 109
　6.11　Maya初学者易遇到的问题及解决方案 ·············· 113

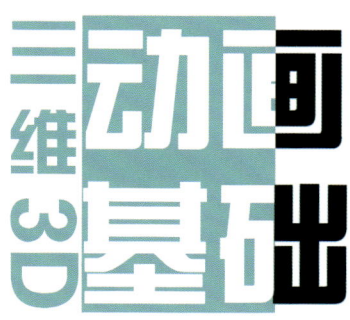

第1章 初识三维

本章导读

作为三维动画基础学习的开篇,本章主要是让读者了解三维动画的概念,对三维动画有基本的认识,了解三维动画分类及特征,了解课程作业要求等。

主要内容	本章重点
■ 三维简介 ■ 三维动画分类 ■ 三维动画剧本创作与分镜创作	■ 三维动画分类应用 ■ 三维动画剧本分镜要求

思考

- 三维动画在生活中的应用你了解多少?三维动画技术在其他领域的应用你有了解吗?
- 作为建模最开始的工作,剧本与分镜你了解多少?

本章前两节内容为介绍性内容，第三节为本门课程作业介绍与要求。

1.1 三维简介

三维空间是指由长度、宽度和高度（在几何学中分别为 X 轴、Y 轴和 Z 轴）三个要素所组成的立体空间。

三维动画技术作为电脑美术的一个分支，是建立在动画艺术和软硬件技术发展基础上而形成的一种相对的独立的新型艺术形式，早期主要应用于军事领域。直到 20 世纪 70 年代后期，随着个人计算机（PC）的出现，计算机图形学才逐步拓展到诸如平面设计、服装设计、建筑装修等领域。20 世纪 80 年代，随着软硬件技术的进一步发展，计算机图形处理技术的应用得到了空前的发展，电脑美术作为一门独立学科真正开走上了迅猛发展之路。

1998 年，Maya 的出现可以说是 3D 发展史上的又一个里程碑。一个个超强工具的出现，也使三维动画应用领域越来越广泛。从建筑装修、影视广告片头、MTV、电视栏目，直到全数字化电影的制作。在各类动画中，最有魅力并应用最广的当属三维动画。

1.2 三维动画分类

三维动画根据应用领域与形式不同，可以大致分为以下三类。

1. 影视特效类

影视特效类动画涉及影视特效创意、前期拍摄、影视 3D 动画、特效后期合成、影视剧特效动画等。随着计算机在影视领域的延伸和制作软件的普及，三维数字影像技术扩展了影视拍摄的局限性，在视觉效果上弥补了拍摄的不足，在一定程度上计算机制作的费用远比实际拍摄所产生的费用要低得多，同时为剧组因预算费用、外景地天气、季节变化而节省时间。

2. 工造类

工造类动画包括景观游历动画、产品演示动画、栏目包装等以模型与镜头为主的三维动画类型。

3. 剧情类

剧情类动画多以角色动画为主，角色动画制作涉及 3D 游戏角色动画、电影角色动画、广告角色动画、人物动画等。剧情类动画是三维动画中涉及知识点最多的一类，本书讲授内容为剧情类动画。

第 1 章 初识三维

由于剧情类动画面对的受众群中有大量未成年人群,因此应该对该类对画进行分级或分类,而我国动画分级制(即我国对于动画片的分级制度),业内多有讨论,但目前尚未有官方标准发布。

根据三维剧情动画的受众不同,可以大致将其分为成人动画、合家欢动画、低幼儿童动画。成人动画是指包括少儿不宜的,如凶杀、暴力、色情等不良因素的动画片,在国内少有制作;合家欢动画是指成人与未成年人都适宜观看的动画片;而低幼儿童动画是指适合未成年人观看的动画片。制作适合未成年人观看的动画片是目前我国的主要需求。

1.3 三维动画剧本与分镜创作

本节课程将完成一部三维动画短片的场景制作与输出,制作流程与内容包括剧本写作、分镜头草图创作、场景建模、材质贴图制作、镜头动画制作、灯光渲染与输出。本节课程需要进行三维动画剧本与分镜创作。

儿童三维动画剧本创作需要贴合儿童需要,不能含有少儿不宜的内容,避免增加过于复杂的逻辑关系与情感关系,需要适当增强对白或解说。

由于儿童认知与成人不同,因此对于儿童三维动画的分镜创作,需要避免出现连续短镜头、暗喻镜头、平行镜头等逻辑性镜头。

课后思考

什么情况下需要制作三维动画?三维动画与其他表现形式动画相比有哪些优缺点?

课程与课后练习

完成课程作业剧本与分镜草图。

请扫描右侧二维码,观看分镜草图案例。

3

第 2 章　Maya 入门

本章导读

本章主要内容是 Maya 的基础知识。除了介绍 Maya 的演变，还对 Maya 的操作界面进行全面讲解。

主要内容

- Maya 简介
- Maya 界面

本章重点

- 了解界面布局
- 了解 Maya 的操作模式
- 初步认识帮助栏与脚本

思考

- 你对三维动画软件了解吗？
- 你使用过其他三维动画软件吗？能否说出这些三维动画软件与 Maya 界面的差别？

2.1 Maya 简介

  Maya 是目前世界上最为优秀的三维动画的制作软件之一，它最早是由美国的 Alias 和 Wavefront 公司在 1998 年推出的。虽然在此之前已经出现了很多三维制作软件，但 Maya 凭借其强大的功能，友好的用户界面和丰富的视觉效果，一经推出就引起了动画和影视界的广泛关注，成为顶级的三维动画制作软件。

  Maya 是顶级三维动画软件。在国外绝大多数的视觉设计领域都在使用 Maya，在国内该软件也越来越普及。由于 Maya 软件功能更为强大，体系更为完善，因此国内很多三维动画制作人员都开始使用 Maya，而且很多公司也都开始利用 Maya 作为其主要创作工具。在很多经济发达地区，Maya 软件成为三维动画软件的主流。Maya 的应用领域极其广泛，如《星球大战》系列、《指环王》系列、《蜘蛛侠》系列、《哈利·波特》系列、《木乃伊归来 》、《最终幻想》、《精灵鼠小弟》、《马达加斯加》、《Sherk》以及《金刚》等。至于其他领域的应用更是不胜枚举。图 2.1 和图 2.2 是都是利用 Maya 制作的一些著名影视作品。

图 2.1 《马达加斯加》剧照①

  Maya 由于其优异的三维制作功能而广受欢迎，短短几年中就不断推出新的版本。2005 年 10 月 4 日，著名的 Autodesk 公司宣布花费 1.82 亿美元以现金方式收购 Alias 公司。

---

① 《马达加斯加》是 2005 年梦工厂的一部动画电影，由埃里克·达尼尔和汤姆·麦克格雷斯联合执导。

Maya 版本更新较快，界面变化较大的是 2009 版与 2017 版，2017 版之后的版本界面变化较小，本书内容适用于 2017 版之后的版本。Maya 2017 启动界面如图 2.3 所示。

图 2.2　《金刚》剧照①

图 2.3　Maya 2017 启动界面

2.2　Maya 界面

双击 Maya 图标，进入 Maya 初始界面，如图 2.4 所示。

---

① 《金刚》是 2005 年环球影业推出的一部冒险电影，由彼得·杰克逊执导。

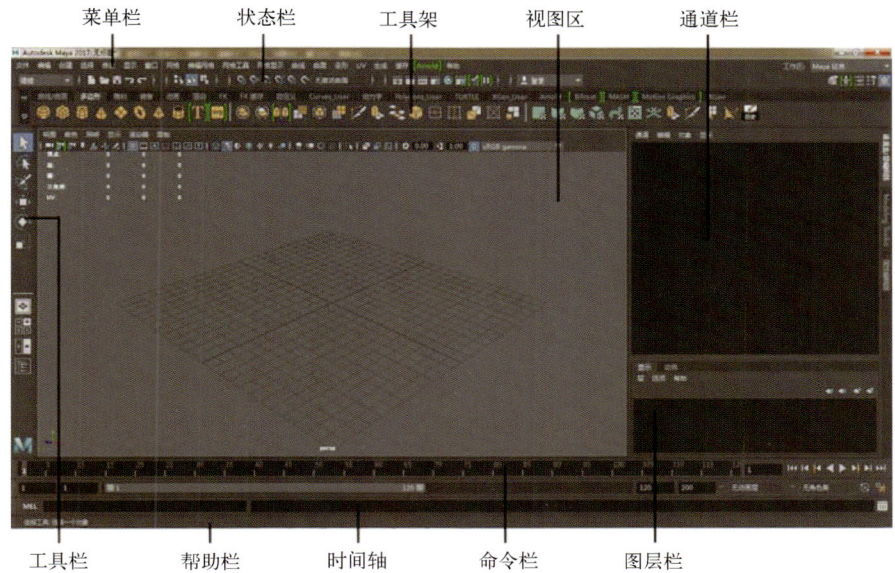

图 2.4　Maya 初始界面

Maya 初始界面由"菜单栏""状态栏""工具架""视图区""通道栏""工具栏""帮助栏""时间轴""命令栏""图层栏"组成。下面简要介绍各个模块的主要功能。

2.2.1　菜单栏

Maya 的菜单栏（Menus）集成了 Maya 的所有操作命令，根据功能可分为"建模""装备""动画""FX""渲染""自定义"六大模块。用户可以通过快捷键从 F2 到 F6 来切换菜单栏的模块显示，如图 2.5 所示。

图 2.5　菜单栏

在这六大模块中，我们可以看到菜单栏上的前七个选项始终显示在菜单栏上，并不跟随模块的切换而变化。Maya 的所有命令都集中在这几大模块的菜单中，每个菜单中的子命令将会在后面的各个相应章节中给予详细介绍。

裁剪窗口。在操作 Maya 菜单栏过程中，有一个很实用的设置就是裁剪窗口。选择菜单栏上的"显示"选项，在弹出的子菜单上单击虚线处，则原本在"显示"菜单下的子菜单被裁剪为独立的窗口，如图2.6所示。

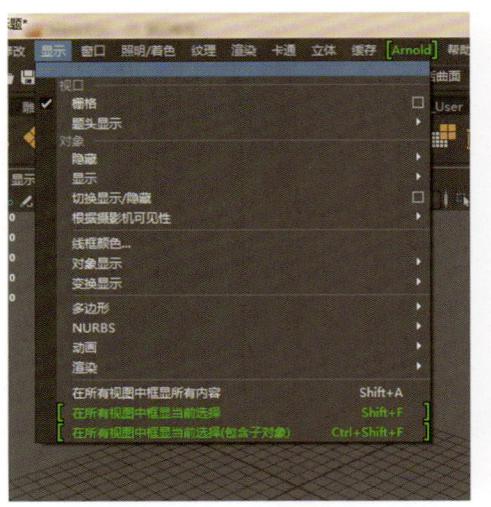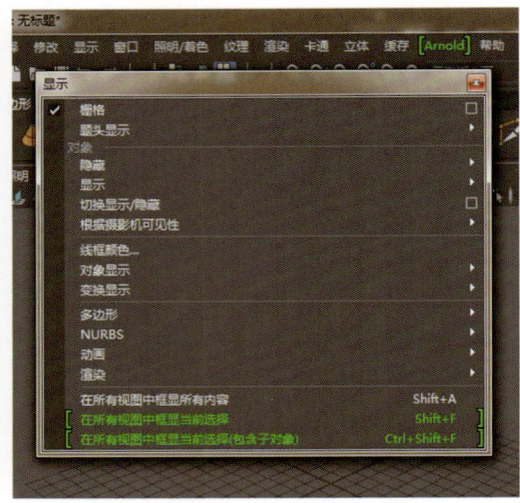

图2.6　裁剪窗口

裁剪窗口是Maya非常便捷的功能。当我们需要多次使用某个菜单下的命令集合时，只需要将此窗口裁剪，就能使其成为单独的窗口而自由显示。

2.2.2　状态栏

状态栏（Status）在菜单栏的下方，如图2.7所示。

图2.7　状态栏

"状态栏"主要集中了一些Maya的常用命令。这些命令主要分为"切换Maya功能模块""文档操作""快速选择""对齐物体""历史记录开关""快速渲染"这几大命令群组。状态栏上每隔几个图标就有一个分隔符▮，单击此分隔符，用户就会发现相应区间内的命令群组被收缩隐藏，而分隔符变成▶，这意味着该群组的命令被收缩到该分隔符下，此时状态栏的空间被自动释放。用户可以练习该项操作，将所有命令群组全部隐藏。如图2.8所示，这样方便我们逐个简单介绍每个群组命令下的功能类别。

图2.8　隐藏命令群组

1. 模块切换

"状态栏"的第一个窗口是用来切换Maya功能模块的，单击"状态栏"的下拉菜单即可实现切换，如图2.9所示。

8

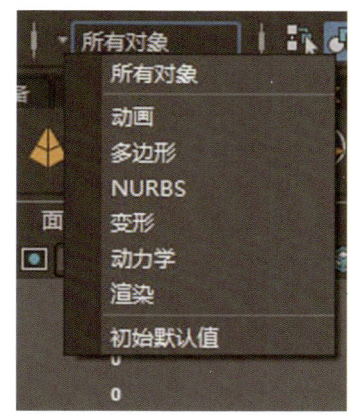

图 2.9　模块切换

"状态栏"下拉菜单中有"动画""多边形""NURBS""变形""动力学""渲染"六大模块。用户可以自定义菜单栏,详细功能会在后面的各个相应章节中给予介绍。

文档操作命令包括"新建""打开""保存",如图 2.10 所示。第一个按钮功能为新建文件,第二个按钮的功能为打开已存在文件,第三个按钮的功能为保存当前文件,对应的快捷键分别为"Ctrl+N""Ctrl+O""Ctrl+S"。

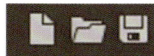

图 2.10　"新建""打开""保存"按钮

2. 选择过滤器

关闭第一组命令后,继续单击展开第二组、第三组、第四组命令模块,如图 2.11 所示。

图 2.11　展开命令模块

这三个命令组都与选择的物体组件相关,互相之间都有选择层级的联系。第一组命令为选择物体的分类类型,第二组命令为整体或组件选择方式,第三组则为该类型下物体的细化选择。详细操作和用途将在后面相关章节进行详细讲解。

用户在使用 Maya 建模过程中,需要精确地将点对齐到某一位置。Maya 为用户提供了六种对齐方式,按照图标的顺序分别为捕捉到网格(快捷键为"X")、捕捉到曲线(快捷键为"C")、捕捉到点(快捷键为"V")、捕捉到投影中心、捕捉到平面、激活物体。

图 2.12　对齐设置

图 2.13 中这组命令为历史记录开关,其功能有些类似于 AutoDesk 公司出品的 3dsMax 的堆栈功能。单击最后一个按钮,即开启了历史记录功能。Maya 能记录用户的每个命令

操作，允许用户返回到之前记录中的任何一个命令重做修改。这是一个非常重要并且有用的工具，但是它也有一些缺点，即记录大量的历史操作后会导致 Maya 运行缓慢。

图 2.13　历史记录开关

图 2.14 中的这组命令是关于渲染设置的命令，单击第一个按钮可以打开渲染窗口，单击第二个按钮可以渲染当前帧，单击第三个按钮选择 IPr 渲染模式，单击第四个按钮进行渲染设置，后面几个为材质与灯光相关命令。详细功能会在后面相关章节进行详细讲解。

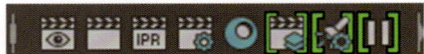

图 2.14　渲染设置

图 2.15 中的这组命令为快速选择，该功能对于在复杂场景中快速选择物体或隐藏操作节点是非常有用的。若选择"按名称选择"选项，则在对话框中输入目标体的名称，然后按"Enter"键，即可快速选中该物体或节点。

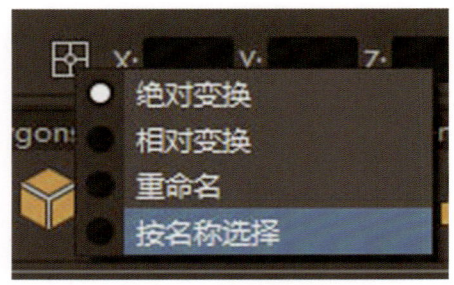

图 2.15　快速选择

对于整个状态栏，读者目前可以不必花太多时间去掌握，详细的操作在后面章节中会详细讲解。

2.2.3　工具架

工具架（Shelf）在状态栏的下面，如图 2.16 所示。

图 2.16　工具架

工具架的功能非常强大，它集合了 Maya 各个模块下最常使用的命令，并以图标的形式分类显示在工具架上。这样，每个图标就相当于相应命令的快捷连接，只需要单击该图标，就等效于执行该命令。

工具架分上下两部分。最上面一层为标签栏，标签栏下方放置图标的一栏为工具栏。注意，标签栏上的每个标签都有文字，每个标签实际对应一个功能模块。如多边形、曲面这两个标签下的图标集合，对应的都是有关于多边形（Polygon）建模或者曲面（Surface）建模的相关命令。

2.2.4 视图区

Maya 操作界面最大面积的窗口就是视图区（Workspace），如图 2.17 所示。

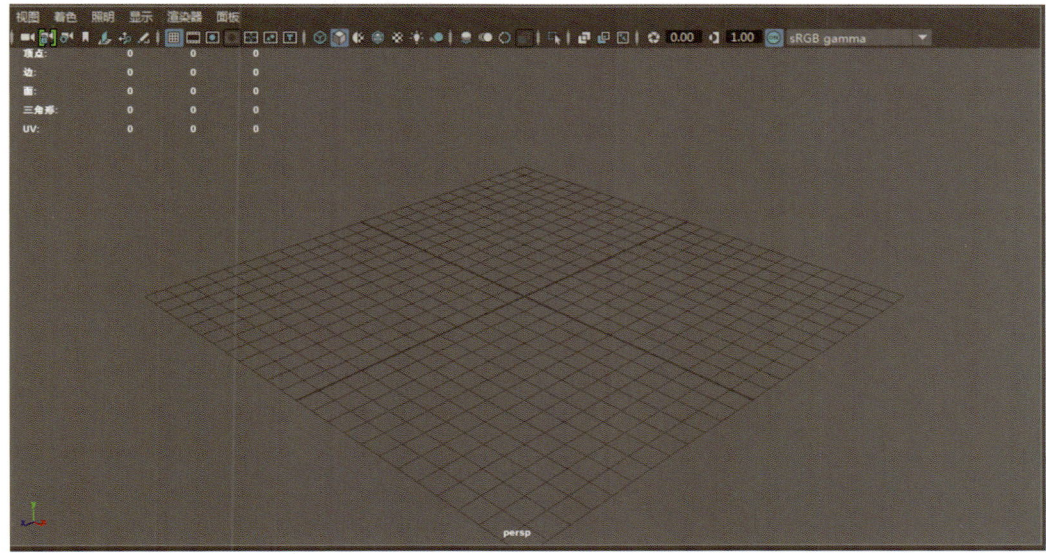

图 2.17　视图操作区

视图区用于监控 Maya 中的建模、动画、渲染等全部操作，可以形象地将视图区理解为一台摄像机。摄像机从空间斜 45°的方向来监视 Maya 的场景运作，故将视图区也称为透视图（Perp）。

1. 空间网格

在平面制图中，通常都需要用到平面坐标系，而在视图区中央，带透视的灰色网格就是空间坐标系。网格均为正方形，被两条正交轴划分为四个区域。网格的主要功能是为了标示空间旋转，以及作为建模时的坐标参考，前面介绍关于对齐方式的内容，其中"捕捉到网格"就是基于此。

2. 空间坐标系

图 2.17 左下角的图标是 Maya 的空间坐标方向标示。如同其他 3D 软件一样，三维空间的坐标由 X、Y、Z 三个轴组成。网格即处于 X、Z 两轴组成的平面中，网格的中心点即为空间坐标的原点。在 Maya 中，绿色标示 Y 轴，蓝色标示 Z 轴，红色标示 X 轴。其中 Y 轴为高度方向，Z 轴为正对摄像机的方向，X 轴与 Z 轴垂直。箭头所指的方向均为正值。在 Maya 中，所有的工具方向都基于此基本坐标系，如旋转、平移、缩放。

2.2.5 通道栏和图层区

在 Maya 界面的右侧同时并列显示通道栏（Channel）和图层区（Layer），如图 2.18 所示。

图 2.18 通道栏和图层区

1. 通道栏盒/层编辑器

通道栏盒/层编辑器用来集中显示物体最常用的各种属性集合，如物体的长、宽、高，以及空间坐标、空间旋转角度等，不同类型的物体还有各自不同的一些属性。

2. 建模工具包（Modeling Toolkit）

建模工具包集成了常用的建模工具。

3. 属性编辑器

属性编辑器显示选中物体的详细属性，包含模型、材质、显示及其他关联属性节点。

4. 图层区

在 Maya 中，图层的概念类似于 Photoshop 的组功能，其功能主要是对场景中的物体或动画进行分组管理。当复杂场景中有大量物体时，可以自定义将一些物体设置到某一图层。然后通过对图层的控制来决定这组物体是否被显示或者被选择。

2.2.6 工具栏

Maya 的工具栏（Tools）在整个界面的最左侧，这里集合了"选择""套索""绘制""移动""旋转""缩放"等常用工具命令，如图 2.19 所示。

相关命令的详细讲解和操作，将在后面的基础操作中进行详细介绍。

紧挨在工具栏下方，还有一排控制视图显示样式的按钮，如图 2.20 所示，Maya 将一些常用的视图布局集成在这些图标中，通过单击按钮来进行快速切换。第一个按钮：快速切换到单一透视图，第二个按钮：快速切换到四视图。其他几个按钮是 Maya 内置的几种视图布局，用来配合不同模块工作环境下的视图组合。

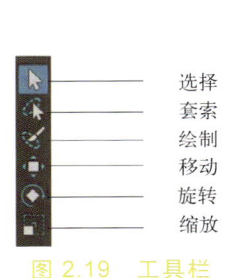

图 2.19　工具栏

图 2.20　一些常用的视图

2.2.7 动画控制区

动画控制区（Animation）包含时间轴和时间范围滑块，在视图区下方，如图 2.21 所示。

图 2.21　动画控制区

如图 2.21 所示，动画控制区分上下两层，上层为时间轴，下层为时间范围滑块。右侧是一些与动画播放的相关设置。具体的操作和应用将在动画章节中详细讲解。

2.2.8 命令栏和帮助栏

紧挨在动画控制区下的是命令栏（Command）和帮助栏（Help），如图 2.22 所示。

图 2.22　命令栏和帮助栏

在图 2.22 中，最上面的是命令栏，其左侧是命令输入框。语法为 Maya 的 Mel 标准语言。右侧为命令执行结果，当执行命令时，这里给出执行结果和错误提示。

帮助栏在命令栏下方，通常在用户选择一种工具后，该栏就会出现这种工具的使用方法和提示。

课后思考

学习三维动画课程的目的是让学生能快速进入三维动画世界。对于三维动画软件的学习，尤其是类似 Maya 这样的大型综合性三维软件，不能只专注于掌握具体命令的操作方式，更重要的是掌握解决思路。

在各种教材纷至沓来的今天，某个命令或功能的掌握已经不再是制约读者提升能力的瓶颈。掌握解决问题的思路和能力，才是衡量在这条路上能走多远走多快的标准。了解软件的基本功能，并使用最简单的命令，合理地组合利用这些命令，完成最好的效果，将有助于解决问题思路的养成。

课程与课后练习

调整剧本，进行电子分镜制作。

请扫描右侧二维码查看 Maya 界面的介绍。

第 3 章　上手第一课

本章导读

　　本章的内容是 Maya 基础操作与规范。通过使用基础命令进行人偶建模，熟悉三维空间的操作，养成良好的软件操作习惯。

主要内容
- Maya 使用规范
- 关键帧动画

本章重点
- 养成良好软件操作习惯
- 习惯三视图的使用

思考

- 在使用其他软件时，你是否养成了随时保存的习惯？在玩游戏时，你是否养成了乱点鼠标的不良习惯？
- 大型三维动画软件的最基本要求就是有序，从现在起，逐步养成良好的软件操作习惯，将有助于你对各类软件的掌握。

3.1 Maya 基本操作规范

本节主要讲解 Maya 的一些基本操作规范。

1. 工程文件管理

Maya 对项目管理要求比较高，在首次使用 Maya 时，首先要创建一个新的工程目录，如图 3.1 所示。

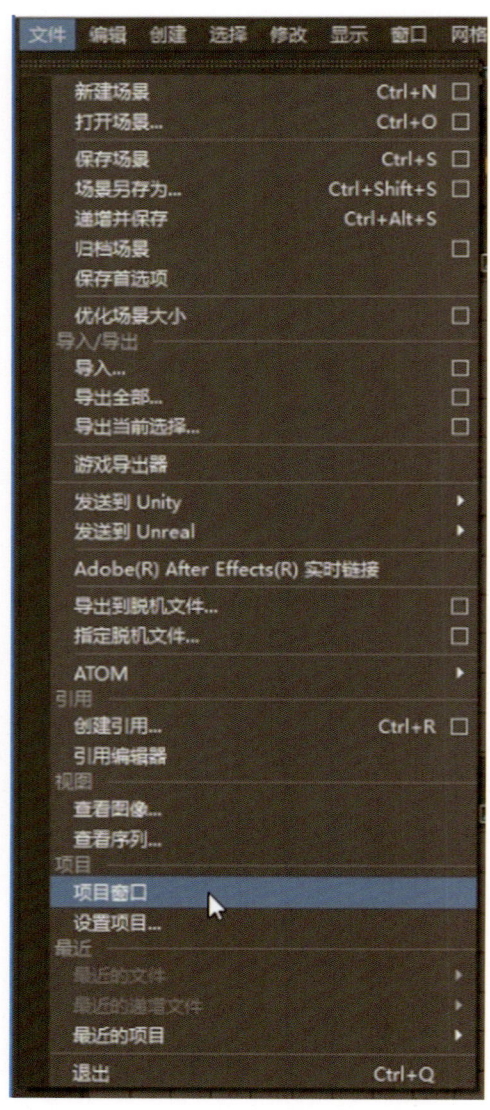

图 3.1 一个新的工程目录

需要注意的是，在使用 Maya 时，不能出现中文名和中文路径。如果出现中文名和中文路径，则有可能会导致很多错误，并不是说每次都会出错，但是中间过程可能会出错，或者用户无法找到保存的文档位置。

新建的工程文档有哪些内容呢？我们可以打开看一下，如图 3.2 所示，包括 Maya 所需要的所有文件夹，自动创建所有文件夹。通常在保存工程文档时，模型会默认保存到"scenes"文件夹中。贴图默认的保存路径是保存在"sourceimages"文件夹，如果用户将贴图存到其他路径，那么 Maya 有可能会不识别。渲染文件的默认保存路径是"images"文件夹。

图 3.2　新建的工程文档

其他一些文件夹暂时用不到，这些文件夹会保存日志性的内容。此外，在进行复制操作时，有些节点性的内容可能被这些文件夹记录，所以用户在复制相关内容时，要复制全部的工程文件夹，这样比较安全。如果用户仅复制模型和贴图，那么有可能会丢失一些信息。当然如果只是简单的建模，那么只复制模型和贴图即可。

注意，在使用 Maya 建模时，一定要先设置保存路径。如果不设置工程文件路径，那么有可能在保存文件时，会将文件保存到其他的工程文件中。

2. 工程文件命名

工程文件命名要求：除了不能出现中文名存盘文件，使用的贴图也不可以出现中文名及中文路径。

对于模型、文件夹、贴图、路径等的命名，要求既不能超过 16 个英文字符，也不能出现乱码，可以出现下画线，但是不能出现空格。

如果不符合命名要求，那么很可能就会产生一些错误，包括但不限于文件丢失、文件打不开、软件崩溃，或者是在渲染时丢帧、无法渲染某些贴图。图 3.3 为工程文件命名。

3. 动画首选项

在 Maya 界面的右下角是动画首选项的图标，如图 3.4 所示

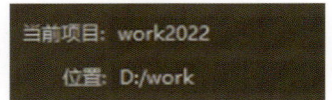

图 3.3　工程文件命名

图 3.4　动画首选项

根据个人操作习惯及操作需求，可以对动画首选项进行调整、对播放速度进行调整，一定要把播放速度调成用户自己需要的帧速率。根据 Maya 软件版本的不同，有些版本还需要调整时间滑块的帧速率，时间滑块界面如图 3.5 所示。

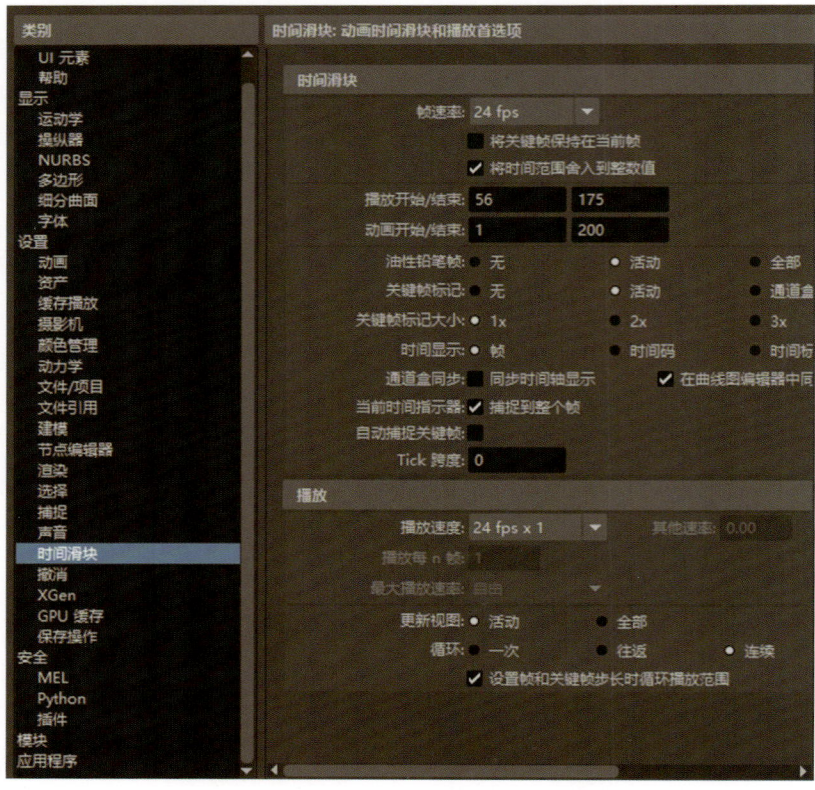

图 3.5　时间滑块界面

Maya 通常默认的帧速率是 24 帧/秒，这个速率也是电影格式的标准帧速率。如果要制作电视节目或者一些视频节目，可以将帧速率调整到 25 帧/秒。如果要制作某些 PAL 制（帕尔制）视频，可以将帧速率调整到 29.97 帧/秒。

4．撤销命令

设置撤销命令"Undo"，其默认值是 50，通常会将该值设置为无穷。设置完毕后单击"保存"按钮，如图 3.6 所示。

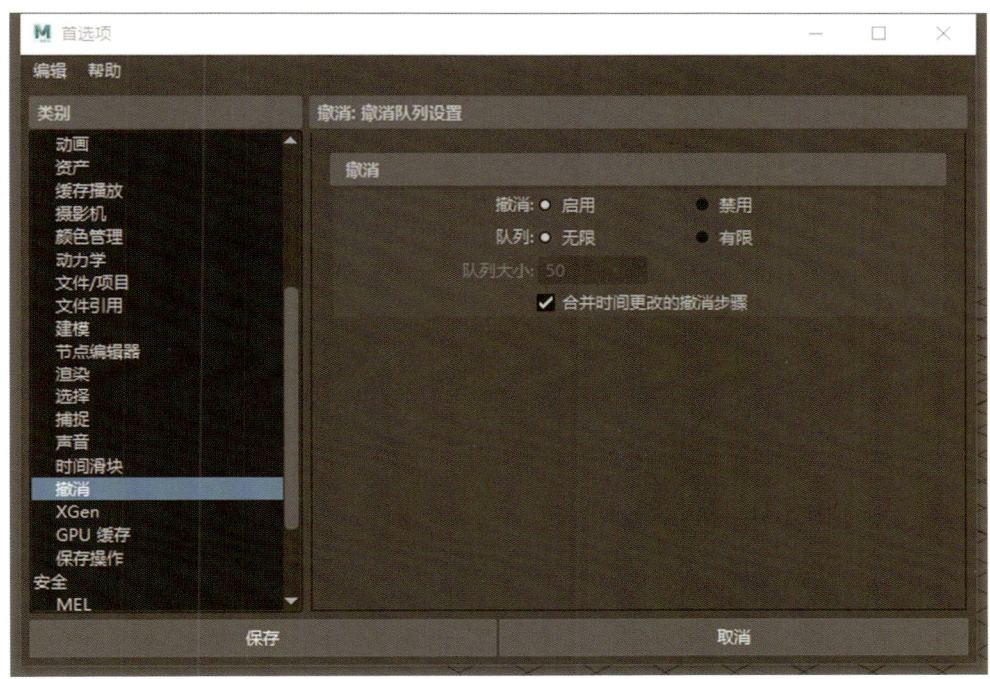

图 3.6　撤销命令

请扫描右侧二维码查看 Maya 的基本操作规范。

3.2　初入三维空间

本节主要讲解 Maya 的基本操作。利用工具栏创建一个多边形，工具栏中前面的几个图标是常用的几个基本多边形，单击具体图标即可创建出一个多边形，如图 3.7 所示。

图 3.7　多边形建模

19

1. 操作窗口视窗

Maya 共有四个操作窗口（见图 3.8），可以通过按空格键来回切换。光标移动到需要的操作窗口，按空格键，可以把操作窗口放大，再按空格键，可以把操作窗口缩小。

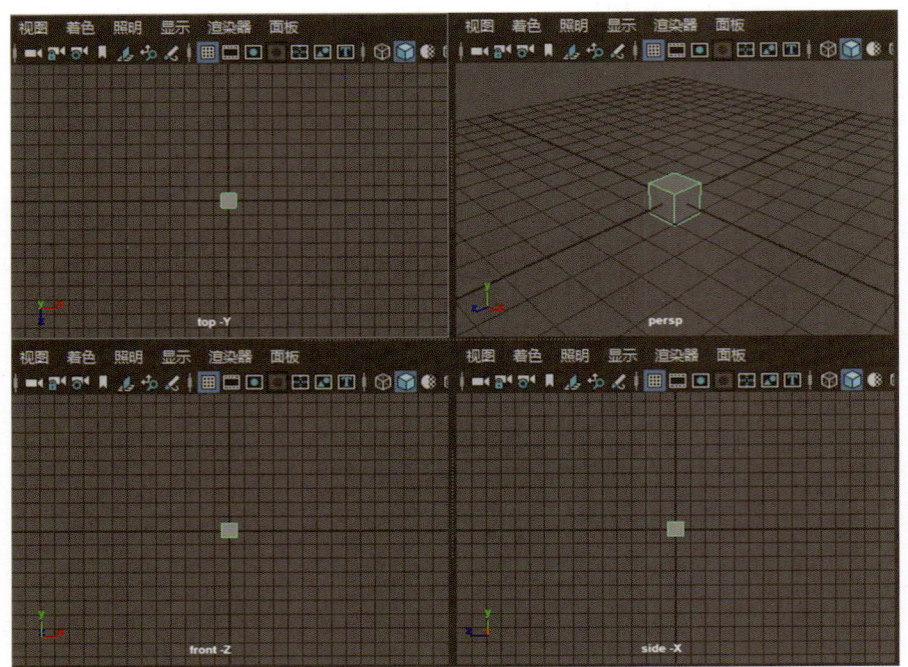

图 3.8　四个操作窗口

下面具体介绍对操作窗口的具体操作方法。

操作窗口的缩放：按住"Alt"键的同时按住鼠标右键拖动，可对操作窗口进行缩放，四个操作窗口的缩放操作都是一样的。当然，也可以通过鼠标的中键滚轮来实现缩放。但是使用中键滚轮操作，缩放的精确度不够高。所以一般情况下，都是习惯用"Alt"键+鼠标右键进行缩放，这样可以精确缩放到需要的位置。

操作窗口的移动：按住"Alt"键的同时按住鼠标中键拖动，可以对操作窗口进行移动，四个操作窗口的移动操作都是一样的。

操作窗口的旋转：按住"Alt"键的同时按住鼠标左键拖动，可以对操作窗口进行旋转，四个操作窗口的旋转操作都是一样的。通过旋转操作，可以换一个角度去观测模型，但是对于三视图，是没有旋转操作的，只有用户视图是可以旋转的。

以上是缩放、移动及旋转命令，是对操作窗口最基本的操作。操作窗口中的模型本身是没有任何变化的，只是观测模型的角度发生了变化。

下面讲解对模型的基本操作，包括移动、旋转、缩放和居中显示。

移动、旋转和缩放一般通过快捷键来操作，其三个快捷键分别为"W""E""R"。

"W"键：移动操作的快捷键。移动有三个方向，分别为 X 轴、Y 轴、Z 轴。相对应的，在右侧通道盒中，也有这三个属性，在移动模型时，用户可以观察这三个属性的变化。在通道盒中，先单击"点亮"属性，然后在操作窗口中空白处按住鼠标中键拖动，也可以达到同样的移动效果。如果用户有特殊需求，可以在通道盒相应属性的文本框中直接输入数值，这样移动的位置会比较精确。

"E"键：旋转操作的快捷键。旋转也有三个方向，当光标移动到某个轴上时，这个轴的颜色会变亮，然后按住鼠标左键同时拖动旋转，就可以进行该轴向的旋转操作了。在进行旋转操作时，经常会把模型旋转到不是想要的角度，这时需要把模型恢复到原来的位置，那么需要如何操作？很简单，可以在"通道盒"的旋转属性文本框中，将其值改为0。

"R"键：缩放操作的快捷键。缩放同样也有三个方向，可以将模型在这三个轴上分别进行缩放操作。

居中显示：如果将模型移动到旁边位置看不到了，这时该怎么操作？一种方法是通过调整镜头，把镜头移动到模型方向。另外一种方法是通过"F"键进行调整。"F"键的作用是以选中的模型为中心来显示。

本节主要介绍对操作窗口的三个基本操作，分别为移动、旋转和缩放；对模型的四个基本操作，分别为移动、旋转、缩放和居中显示。接下来讲解操作空间的内容，用户同时使用基础的多边形来创建一个简单的人偶。要求读者要熟练使用操作窗口。

课程与课后练习

完成如图 3.9 所示的几何人偶制作。

图 3.9　几何人偶制作

请扫描右侧二维码查看 Maya 的基础操作。

请扫描右侧二维码查看利用 Maya 进行人偶建模的过程。

21

3.3 材质基础

本节主要讲解有关材质的基本内容。打开已经制作好的人偶模型，查看模型的基本材质（见图3.9）。刚开始创建的模型，它的材质是灰色的，这种灰色材质是 Maya 软件中默认的材质。在菜单栏中，依次单击"窗口"→"渲染编辑器"→"Hypershade"命令，查看模型的基本材质，如图3.10所示。

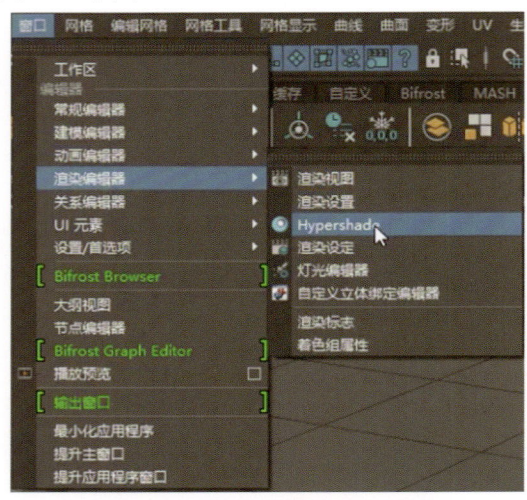

图3.10 查看模型的基本材质

弹出"Hypershade"界面，如图3.11所示。随着讲解内容的深入，会逐渐了解该界面的具体内容，现在只需要用学习基本材质的属性即可。

图3.11 "Hypershade"界面

在如图 3.11 所示的界面中，已有基本材质，这是 Maya 默认的材质。如果用户不进行更改，创建的所有模型的基本材质都是"Lambert"。该材质为默认材质，用户不需要更改，如果更改了材质，那么后面再创建出来的模型材质全部都是调整后的材质。

1. 新建材质球

创建一个最简单的"Lambert"，查看材质基本属性。首先，选中材质球，此时材质球会有一个点亮的边框，然后双击边框，弹出如图 3.12 所示的界面。可以看出，在"特性编辑器"界面中出现相同的属性。

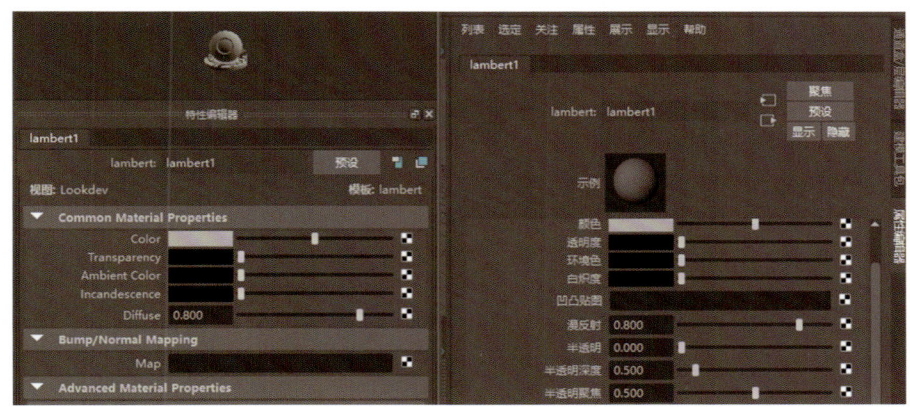

图 3.12　在"特性编辑器"界面中出现相同的属性

下面设置基本材质的"颜色"属性。单击右侧颜色图标，弹出调色盘，可以在调色盘中设置一种颜色。也可以创建多个"Lambert"基本材质，然后设置一些不同颜色的基本材质备用。

2. 将材质赋予模型

选中一个模型，右击材质球并按住不放，将其拖动到"为当前选择指定材质"后松手，这样就可以将材质赋定选择的模型了。当然可以同时选择多个模型，并同时为其赋予材质，如图 3.13 所示。

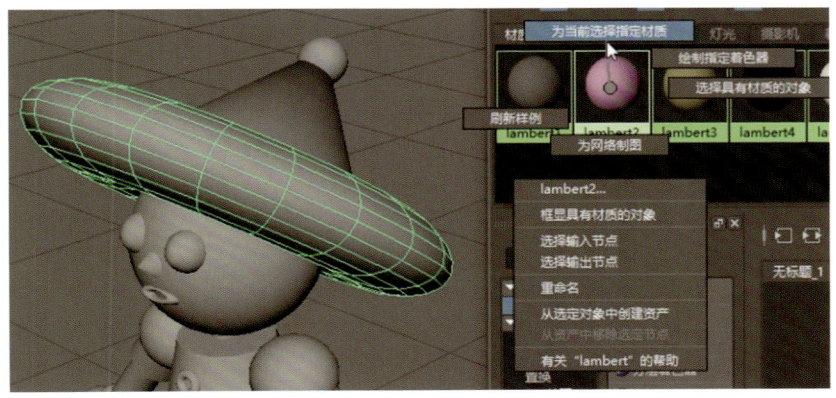

图 3.13　选择模型并为其赋予材质

也可通过鼠标中键将材质球拖动到对应模型上，然后松手，这样该材质就被赋予到对应的模型上了。注意，这种材质赋予方法精确度不太好把握，只适用于简单场景。

课程与课后练习

为如图 3.9 所示的人偶设置不同的材质，并设置不同的颜色，参考效果图如图 3.14 所示。

图 3.14　参考效果图

请扫描右侧二维码查看对材质基础的讲解。

3.4　关键帧动画及组的使用

本节介绍关键帧动画的基本操作，其中会讲到组"Group"的使用。

关键帧动画的制作是指在关键帧对应的时间位置，改变属性，并且记录这些属性。动画产生的原理是在不同的时间记录不同的属性，随着时间的变化而播放，软件会自动计算中间动画。

首先打开如图 3.9 所示的人偶模型，其次在不同的时刻（时间轴）记录不同的状态。通过快捷键"S"键就可以记录关键帧动画，时间轴如图 3.15 所示。

图 3.15　时间轴

关键帧动画制作的具体过程如下：首先确定关键帧的位置，如要在第 100 帧的位置设置一个关键帧，那么就把时间轴下面的时间拖到第 100 帧的位置，然后按下"S"键，同时可以看到右侧通道盒，模型的所有基础属性都已经变为红色，如图 3.16 所示。这就意味着这些属性已经被赋予了关键帧。因为已经设置了一个关键帧，所以只要拖动时间，无论属性如何改变都会返回关键帧的属性状态。关键帧记录了模型在此刻的基本属性。同时，将第 1 帧也设为关键帧，并设置相关属性。

基本的关键帧动画已经制作完毕，拖动时间轴可以查看。时间轴的右侧有播放键，在播放动画前，要确定时间滑块的帧速率及播放的速度，将帧数率和播放速度均改为 24 帧/秒，如图 3.17 所示。如果不改变这两项数值，那么默认播放方式为逐帧播放。

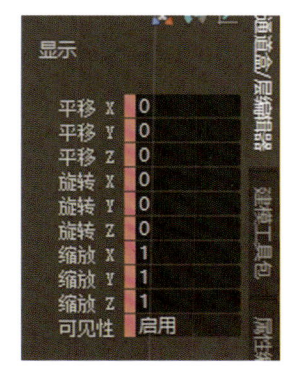

图 3.16　模型的所有基础属性变红色　　　　图 3.17　将默认值改为 24 帧/秒

注意，关键帧动画的制作顺序一定不能错，正确顺序是：先拖动时间轴上的时间，再设置属性，最后再按"S"键记录关键帧。如果顺序错误，则无法记录关键帧。

下面以抬胳膊动作为例进行讲解，可以简单地利用旋转命令完成该动作。但是由于模型是由多个部分拼接而成的，因此如果直接进行旋转操作，则是对整个模型进行旋转，无法达到需要的效果。原因是模型的每个部分都有自己的轴，在进行旋转操作时，各个部分都会围绕着自身操作轴的中心进行旋转，如图 3.18 所示。在这种情况下，需要对各个部分进行分组，将需要的部分进行打包，可以按"Shift"键逐个选择要打包的部分。如果影响选择，可以按"Q"键，"Q"键是只进行选择的快捷键。

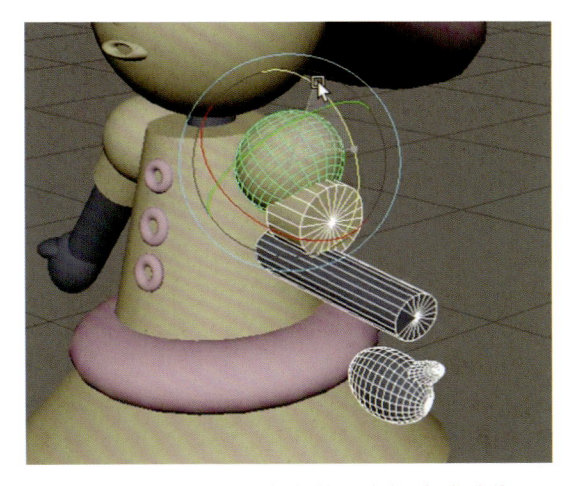

图 3.18　利用旋转命令做一个抬胳膊动作

利用快捷键"Ctrl+G"对选中需要的部分后做一个分组，或者依次选择菜单栏中的"修改"→"分组"命令，如图 3.19 所示。

然后切换到按层次或组合选择模式，就可以选择组节点了。另外一种选择组节点的方法，也是常用的一个标准方法，就是在菜单栏"窗口"下拉菜单中，单击"大纲视图"选项，选中"大纲视图"组的节点，如图 3.20 所示。双击 Group 可以修改节点名称，名称只能是英文字母不能是汉字。

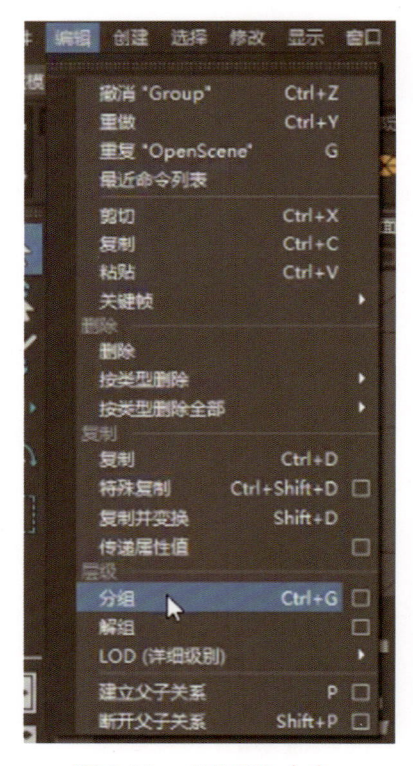

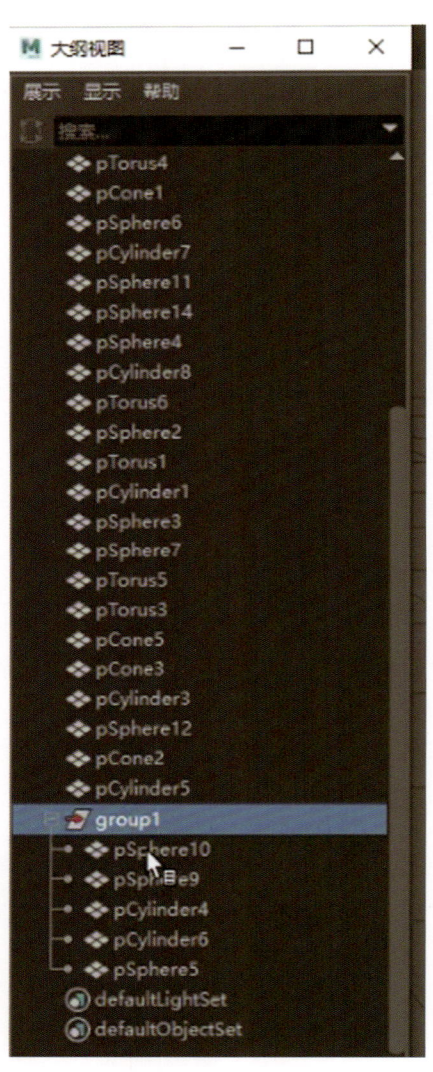

图 3.19 "分组"命令　　　　图 3.20 选中组的节点

组建好后，当选择该节点时，可以看到该节点下面的所有部分都被选中。如果没有分组，只能逐个选择需要的部分。通过观察"大纲视图"中的 Group 节点，可以看到，建立组的目的是做一个包装盒，把多个部分都放到这个盒子里并将其包装起来。这个包装盒本身没有实体，也不参与渲染，只是一个操作节点。

现在对 Group 节点进行旋转操作，就可以对组内部分进行整体旋转了。但是在进行旋转操作时，出现了偏差，如图 3.21 所示。原因是在设置 Group 节点时，默认操作轴的中心点在操作视窗的原点位置。

图 3.21　旋转结果出现了偏差

现在要把操作轴的中心点移动到需要的位置，也就是挪到肩膀的位置。按下"Insert"键，再切换到正视图。此时可以看到图标发生变化，先拖动方向轴，再把操作轴移动到需要的位置。

调整完操作轴位置后，再按"Insert"键将图标切换回来。此时就可以很方便地调整胳膊的动作了，如图 3.22 所示。

图 3.22　调整胳膊动作

通过设置关键帧来完成抬胳膊的动作。在设置关键帧的位置时间上有一条红线用于记录，可以在几个关键帧之间来回切换。右击关键帧的红线位置，弹出一个菜单，移动光标到"复制"命令上，就可以复制关键帧了，然后将时间轴的时间拖到 150 帧，右击选择"粘贴"命令，这样就完成了一次抬胳膊动作。同理，可以通过多次的复制和粘贴，完成多次抬胳膊的动画。

右击关键帧的红线位置，移动光标到"删除"命令上，单击即可删除不需要的关键帧。

另外，通过移动操作来制作人偶的分散聚合动画；通过缩放操作来制作嘴巴的张合动画。

课后总结

本节主要讲解三个知识点，即关键帧动画、组、操作轴的概念。

关键帧动画的快捷键是"S"键。制作关键帧动画的正确顺序是：先拖动时间轴的时间，再设置属性，最后再按"S"键记录关键帧。

"Group"是组和组的操作方式。"Ctrl+G"是建组的快捷键。依次选择"菜单栏"→"编辑"→"分组"命令进行建组，如果不使用该组，可以将其解散，此时需要先选择该组，再使用"解组"命令，将该组解开。

操作轴是操作手柄的中心点的移动方式，主要用于操作一些方向性的变化。按下"Insert"键可以调整操作轴的位置。

课程与课后练习

尝试制作人偶关键帧动画。

请扫描右侧二维码查看关键帧动画及组。

第 4 章 道具与场景建模

本章导读

本章的主要学习内容是道具与场景建模。首先，在上一章内容的基础上，掌握次物体编辑方法，能够制作比较复杂的场景与道具模型。其次，要学习变形命令辅助建模。最后学习贴图制作规范及精确建模方法。

主要内容

- 次物体编辑方法
- 贴图相关知识
- 精确建模流程

本章重点

- 次物体编辑方法
- 建模流程

思考

- 你对复杂模型了解多少？你知道复杂模型制作与简单模型制作有什么区别吗？你是否还在随心所欲地建模？规范建模流程对你的创作会有影响吗？

4.1 次物体编辑基础

前面章节讲解了多边形建模基本操作的相关内容。本节介绍有关次物体编辑的基础内容。顾名思义，次物体编辑就是对模型的点、线、面进行调整编辑。

1. 次物体编辑与物体编辑

首先选中一个模型，按住鼠标右键不放。然后移动光标，会显示一条线，当移动光标到某个位置时，对应位置的命令按钮就会被点亮。如图4.1所示，将光标移动到顶点处，现在已经切换到了次物体编辑的操作模式，现在可以选择顶点进行操作了。次物体编辑可以对物体进行一些比较细致的编辑。右击分别选择点、线、面，可以分别对点、线、面进行平移、旋转、缩放、删除等基本操作，其中删除的快捷键是"Delete"键。

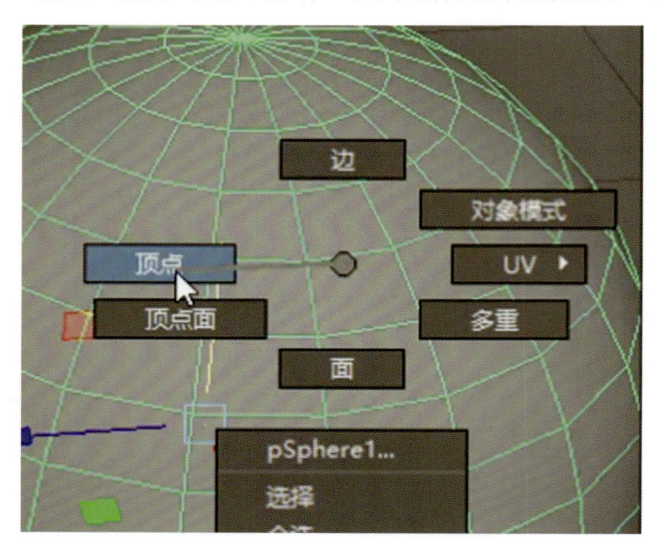

图 4.1 将鼠标移动到顶点处

另外，可以同时选择多个次物体的点、线、面进行编辑，具体方法是：按住"Shift"键，同时用鼠标左键点选。

右击选中模型并拖动鼠标，可以返回物体操作的模式。

2. 操作窗口的显示模式调整

单击视图区中的"着色"选项卡，出现下拉菜单，下拉菜单中包括不同的着色模式，如图4.2所示。注意，这里的着色模式只影响操作窗口的显示，不影响最终渲染输出效果。

单击视图区的"照明"选项卡，选择"双面照明"选项，此时模型外部、内部均会被照亮，这样会比较方便观察，如图4.3所示。

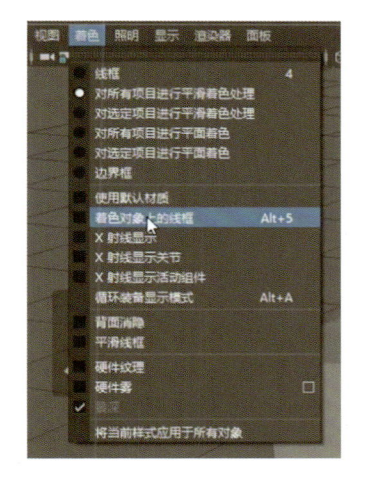

图 4.2　不同的着色模式　　　　图 4.3　"双面照明"选项

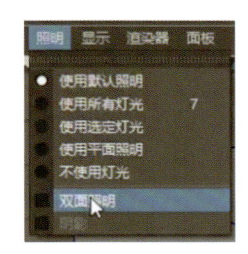

3. 非法面概念

边的数量超过四条或少于三条的面，称为非法面。Maya 以四边的面为主，部分是三边的面。与 3dsMax 不同，3dsMax 是以三边的面为主。

非法面有可能会对后面的操作产生一定影响，包括但不限于后续操作无法进行、文件崩溃、在导入其他软件时不被识别。在进行删除操作时，操作不当可能会产生非法面。

课后要求

在初学 Maya 期间，准确操作是需要养成的良好习惯，不要用鼠标到处乱点，鼠标连击、多击等不好的习惯也需要改正过来，否则无法顺利使用软件。

课程与课后练习

使用次物体编辑来细化人偶模型，效果图如图 4.4 所示。

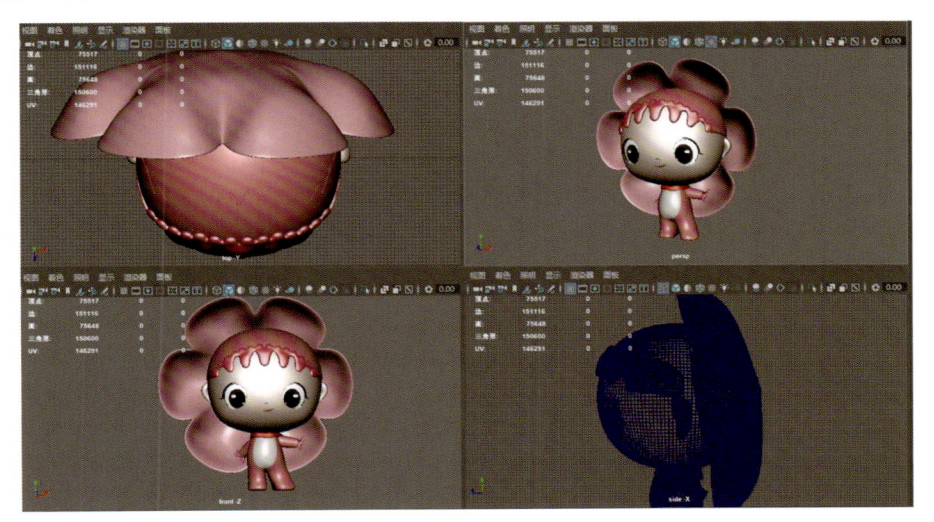

图 4.4　效果图

请扫描右侧二维码查看次物体编辑基础内容。

4.2　常用次物体编辑命令

本节主要讲解次物体编辑常用的一些命令。

1. 点的软选择与权重

通过次物体编辑可以对多边形进行精确的控制。但是有一个问题，如果想做一些比较柔和的变化，那么直接通过拖动点的操作方式是很难实现的，此时需要通过软选择进行操作。

单击左侧工具栏的"移动"命令，双击"移动"工具，弹出"工具设置"界面，勾选"软选择"复选框，弹出"软选择"对话框。衰减颜色从黄色到红色再到黑色逐渐加深，其中黄色、浅黄色表示该点被完全控制，黑色表示该点不受控制。另外，这里有一个权重的概念，可以通过调整"衰减半径"的数值来调整点的软选择的权重，如图 4.5 所示，从而可以做一些柔和的变化。

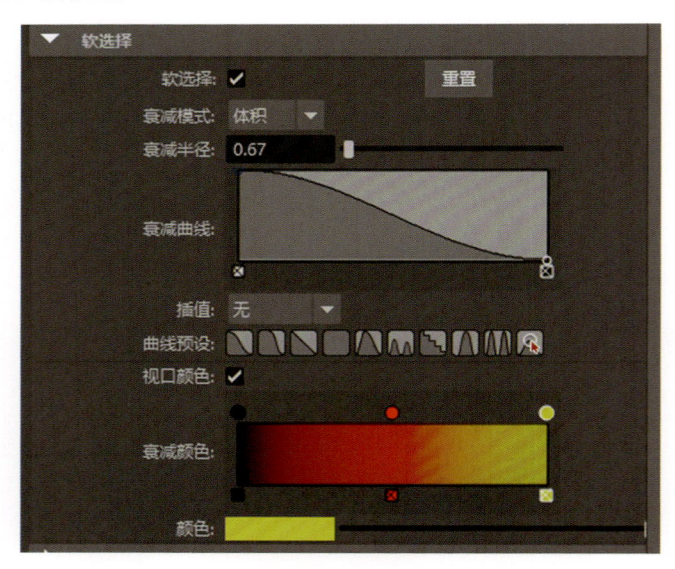

图 4.5　调整"衰减半径"数值

2. 快速选择拓扑边

当模型是创建的原始几何体时，双击该物体的边，会自动选择一条原始拓扑边。当对物体进行多次的次物体编辑后，该命令可能就会失效。

在多边形建模的工具栏中，有"挤出"命令。选中一个面，单击"挤出"按钮，如图 4.6

所示，完成挤出，然后一定要把挤出的面拖出来，否则就会出问题。因为挤出的面，是与原始面重合的，所以很难被发现，但其实是两个不同的面，重合面也是非法面的一种，会影响后期操作。

注意，不建议使用挤出边命令，因为通过这种方法做出来的面肯定是一个完全非法面。

图 4.6　挤出工具

3. 建模的原理

三维动画软件的建模原理实际上就是将一个表面"捏"成一个物体，物体里面是空的，只有表面。

在完成挤出面操作后，模型整体表面还是一个表面，是一整个面。通过挤出边操作产生的面，与模型本身是同一个节点，但是从面上讲，该面又不是一个完整面，所以有可能会导致计算出错。挤出边操作在进行简单的场景建模时影响不大，但是如果设计一些比较复杂的场景模型，或者后期会做一些变形、操作绑定、展 UV 时，那么非法面大概率会出问题。所以，不建议用户对边进行挤压。

多切割工具实际上是一个加线工具。如果通过挤出面操作无法得到想要的形状，那么可以使用多切割工具，以加线的形式切割出需要的形状，然后再执行挤出命令。多线切割工具如图 4.7 所示。

创建多边形工具会经常用到，但是工具架中没有该工具，可以把该工具放到工具架中以方便使用。通过快捷键"Ctrl+Shift"键，然后单击"创建多边形工具"图标即可将该工具添加到工具架中。

将视图切换到顶视图，单击"创建多边形工具"命令，在顶视图通过连续单击的方式，绘制出需要的形状，然后按回车键，就能创建出来一个面。可以通过调整顶点的方式调整为需要的形状。创建多边形工具如图 4.8 所示。选择某个面，执行"挤出"命令，或者其他命令，可以产生一个不规则模型。如果需要制作某些特殊形状、文字或者 logo，则可以用创建多边形工具制作。

图 4.7　多切割工具　　　　　　　图 4.8　创建多边形工具

附加到多边形工具在工具架中也没有，可以将该工具放到工具架中以方便使用。附加到多边形工具通常用来补洞或补缺失面。附加到多边形工具如图 4.9 所示。

合并工具用来合并点、线、面，合并工具如图 4.10 所示。单击"合并"命令的属性框，弹出"合并顶点选项"对话框，有一个"阈值"属性，如图 4.11 所示。阈值可以理解为一个范围，如果在阈值范围内，则会把选中的几个点合并；如果超出阈值，则无法进行合并操作。

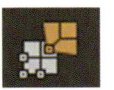

图 4.9　附加到多边形工具　　　　　图 4.10　合并工具

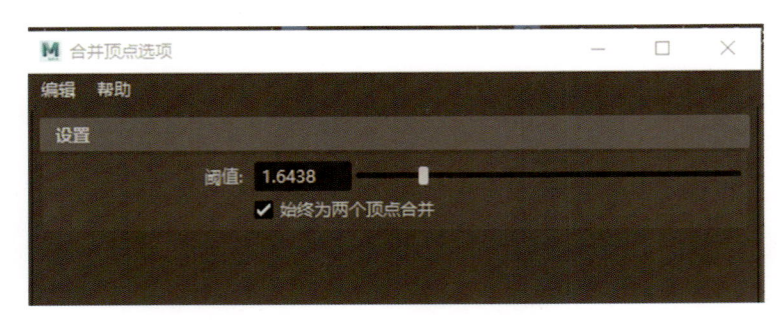

图 4.11　"阈值"属性

接下来，使用次物体编辑的方法，制作一套电脑桌椅。

课后总结

在开始建模前，充分了解将要建模物体的布线，将会极大地提高建模效率。在很多情况下，需要我们制作三视图。三视图不仅可以辅助建模，在绘制三视图时，还可以帮助我们理清模型结构及正确的布线方式。

课程与课后练习

使用次物体编辑制作一套电脑桌椅，部分效果图如图 4.12 所示。

图 4.12　部分效果图

请扫描右侧二维码查看次物体编辑操作及桌椅的制作方法。

4.3 模型的细化处理

本节介绍倒角工具、平滑工具及平滑代理工具的使用方法。

倒角工具：依次选择"菜单栏"→"编辑网格"→"倒角"命令，如图 4.13 所示。在制作完模型后，转折的边缘会比较尖锐，现实生活中不可能存在这种绝对的 90°的夹角，夹角总会有一些弧度。倒角就是用来解决这个问题的。先选择需要进行倒角操作的转折边，再单击"倒角"命令，用默认值执行该命令，就完成了倒角操作。

图 4.13 "倒角"命令

有一个小技巧，有时可能看不清楚有没有选中要选择的边，或者有没有多选或者少选。此时，可以在选择边后，使用"移动"命令将该边拖出来看一下有没有问题，然后再使用快捷键"Z"，取消刚才将边拖出来的动作。

1. 倒角工具常用到的属性（见图 4.14）

分段：增加分段数，会让倒角效果看起来更平滑一些。

宽度：宽度控制的是倒角的范围。

什么时候适合使用倒角？近景或者特写镜头，如果模型的转折面太尖锐，效果看起来会比较假，这个时候就需要使用"倒角"命令去细化模型的转折面。如果镜头比较远，或者是大场景，那么没有必要去进行倒角操作，因为一旦进行了倒角操作，会多出来很多线条，这样会增加计算的负担，包括渲染、整个场景都会有比较大的负担。

2. 平滑

"平滑"命令（见图 4.15）可以理解为倒角的升级版。倒角是针对线的操作，平滑是针对面的操作。选中模型，直接执行"平滑"命令，也可以选中面，执行"平滑"命令。

倒角和平滑都是需要慎用的功能。如果镜头比较远，就没有必要去做倒角、平滑，因为并不影响效果。如果镜头离得比较近，特别是有一些比较近的特写镜头，那么可以利用倒角和平滑让模型看起来更细致一些。

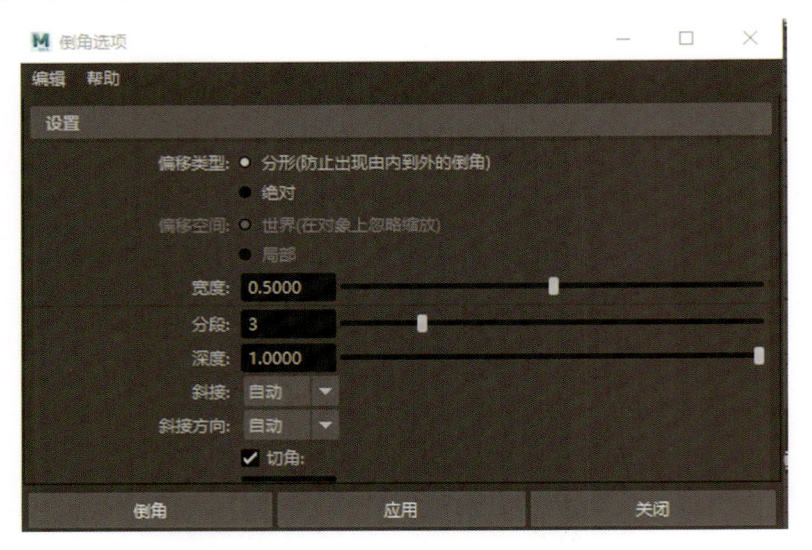

图 4.14 倒角工具常用到的属性

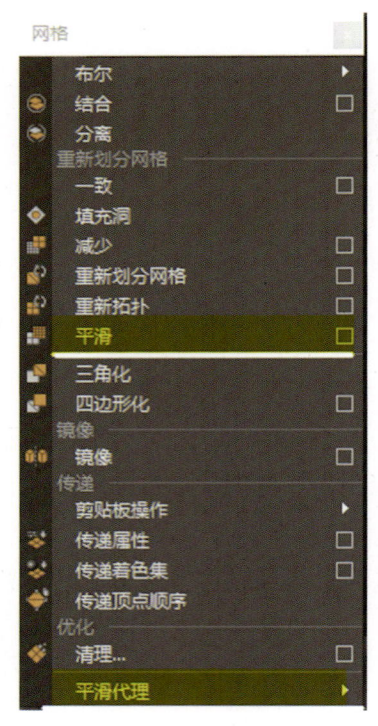

图 4.15 "平滑"命令

3. 平滑代理

平滑代理的功能很有意思，也非常实用，它可以把多边形模型转换为类似于曲面模型的操作，非常适合制作不规则的模型和生物建模。

创建一个盒子，用"平滑代理"的默认属性执行命令，可将盒子平滑为球，同时原来的盒子还在，可以通过调整盒子的点，去控制里面的球。球实际上是平滑代理后的结果，在操作时，已经把最后平滑的效果展示了。平滑代理通常用来做一些生物性的、不规则的模型。

可以用平滑代理工具挤出一些自然界中不规则的物体，如树、珊瑚或者是不规则的石头。当然在制作角色模型时，也可以用到该功能。

课后思考

在进行倒角或平滑操作时，有可能得到的结果与我们预估的不符。尝试调整布线得到预估结果。

课程与课后练习

尝试制作不规则模型。

请扫描右侧二维码查看倒角、平滑及平滑代理的操作演示。

4.4 晶格变形与线变形

本节主要讲解"变形"命令中的晶格变形和线条变形。这两个命令的功能是可以辅助建模。

1. 晶格变形

首先，需要变形的模型必须保证有足够的细分线，否则是无法变形的。

依次单击"变形"→"晶格"命令，进行晶格变形操作，该操作特别适合调整模型的整体形态。如图 4.16 所示。

通过晶格变形操作可以把一个球的模型制作成类似水滴形的模型，也可以把球调整成一些不规则的形状，如图 4.17 所示。

2. 晶格变形的分段属性

通过晶格变形的分段属性调整可控制点的数量，可以通过视图大纲选择不同的操作节点，如图 4.18 所示。

图 4.16 晶格变形

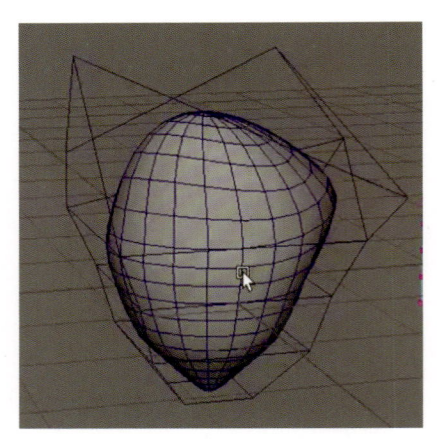

图 4.17　晶格变形操作效果

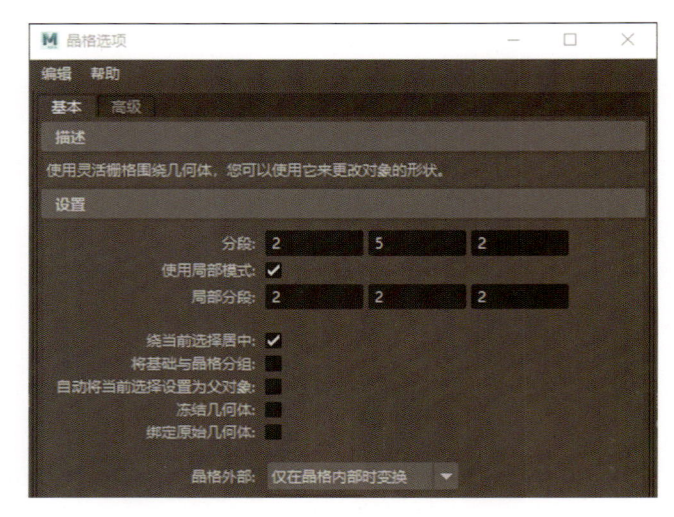

图 4.18　"晶格选项"界面

不仅可以通过晶格变形操作来调整模型形状，在移动模型时，可以看到，当模型进入晶格范围时，模型还会根据晶格形状自动调整自己的形状，如图 4.19 所示。例如，为球体制作一个向下落的动画，在球体穿过晶格区域时，会自动产生变形。

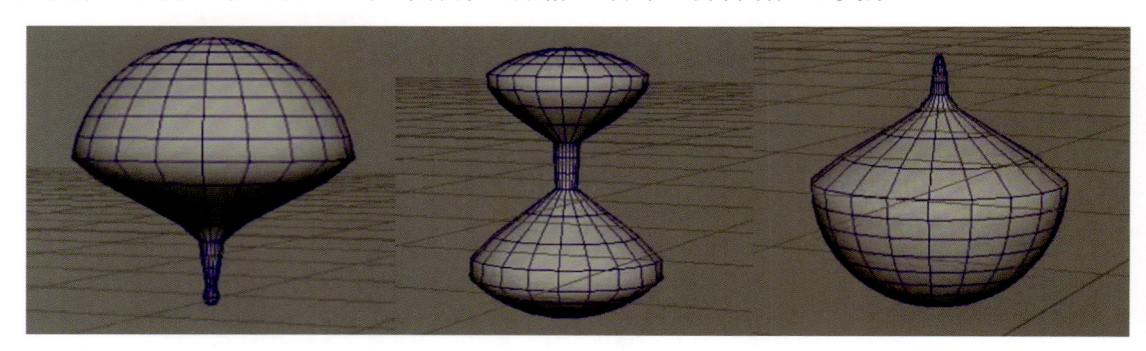

图 4.19　模型根据晶格形状自动调整自己的形状

小技巧：可以通过操作视窗左上角"显示"选项卡选择显示什么内容，这里选择只显示多边形，此时晶格就不显示了，可以方便用户选择多边形模型，如图 4.20 所示。

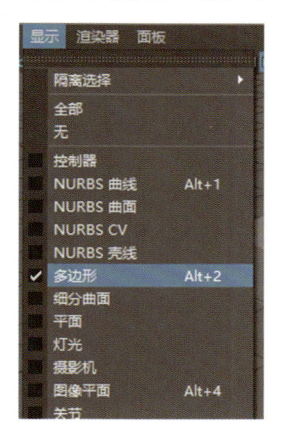

图 4.20 只显示多边形

3．线条变形

首先需要一个可变形的物体，通常使用圆柱体作为线条变形的可变形物体，该模型需要有合适的细分才能达到较好的变形效果。然后还需要一个控制变形的线。在面板里选择"曲线"命令，并找到"EP 曲线"工具。

"EP 曲线"工具是画曲线用的，可以用连续单击的方式画出一条曲线。按住"Shift"键可以画直线，中间需要几个节点就单击几下。

在"变形"下拉菜单中选择"线条"命令（见图 4.22），使用默认属性，在执行线条变形命令时，鼠标会变成一个瞄准星，而且下面帮助提示栏里会有提示："选择要变形的形状，并按回车键"，单击要变形的模型，然后按回车键即可完成模型的变形。

图 4.21 "EP 曲线"工具　　　　图 4.22 "线条"命令

接着选择样条曲线，并按回车键。因为两条曲线紧挨在一起，不好选择。此时需要把多边形显示关掉，以方便选择。选择完毕后再把多边形显示打开。现在通过移动这条曲

线，就可以移动变形物体了。

右击曲线，选择控制顶点，通过控制曲线的各个顶点，可以使用线条变形工具去制作一些线条类模型，如比较软的绳子、鞋带或者一些辫子、蛇的模型。另外，用线条变形工具去做一些扭动的动画，也是可行的。

在线条变形"wire"的属性面板中，有一个"衰减距离"属性，如图 4.23 所示。

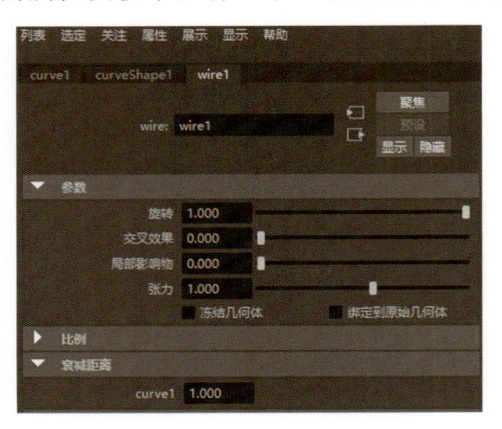

图 4.23 "衰减距离"属性

衰减距离用于控制曲线的影响范围。在完成线条变形后，如果发现在移动曲线时，圆柱没有移动，那么就是衰减距离太小的问题。此时需要将衰减距离调大一些。衰减距离太小，无法影响变形模型表面上的点，把衰减距离调大，扩大线条变形命令的影响范围。

利用晶格变形和线条变形辅助做一些相对比较复杂的建模工作。

课后思考

如何利用变形命令制作具有弧度或不规则的模型。

课程与课后练习

利用变形命令调整模型形态，如给椅子背增加弧度，学生作业如图 4.24 所示。

图 4.24 学生作业

第 4 章　道具与场景建模

请扫描右侧二维码查看变形命令的使用过程。

4.5　贴图与制作规范

本节主要讲解利用 Photoshop 制作贴图。

因为 Maya 的默认图片形状是正方形，所以需要做一个正方形的贴图。

首先下载一张键盘的图片，然后打开 Photoshop 导入键盘图片，并对图片进行以下编辑。

第一步：抠图。先设置选区再进行抠图，这里介绍一种快速抠图的方法。

首先复制一个图层，利用快捷键"Ctrl+L"，调整图片对比度，如图 4.25 所示，然后去色，把图片转为黑白色。继续加强对比度，尽量把对比度加强一些，这样在进行抠图时，比较容易区分。

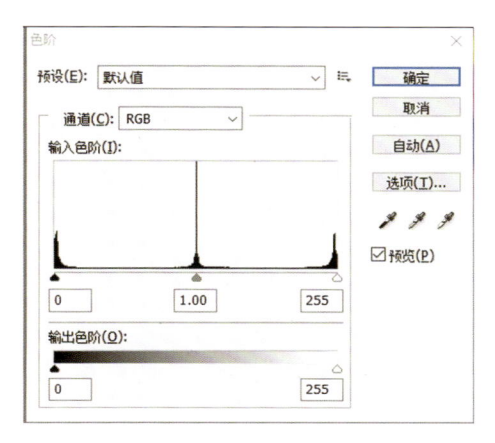

图 4.25　调图片对比度

第二步：使用"魔术棒选区工具"选区，按"Delete"键然后抠图。创建一个白色的底图，并进行正方形的裁剪。

第三步：调整图片的角度。因为图片是手机拍的，角度并不是很准确，所以需要调整图片角度，按"Ctrl+T"快捷键进入变形状态，然后按住"Ctrl"键，拖动角框点，把图片调成一个规则的长方形。贴图调整前后的效果如图 4.26 所示。

图 4.26　贴图调整前后的效果

41

第四步：将调整后的图片另存为 jpg 格式，并对图片进行重命名，要求名称由英文字母组成，不能有中文、乱码，且不能超过 16 个字符。

课后总结

每个软件都有一些使用小技巧，这些小技巧通常是通过长时间摸索得来。

课程与课后练习

制作键盘顶视图贴图。

请扫描右侧二维码观看利用 Photoshop 制作贴图的过程。

4.6　精确模型制作

本节主要讲解精准模型的制作方法。

首先导入上一节制作的键盘贴图。作为一个参考，可以把贴图导入顶视图，因为这张贴图就是一个顶视图的图片。依次选择"视图"→"图像平面"→"导入图像"命令，如图 4.27 所示。

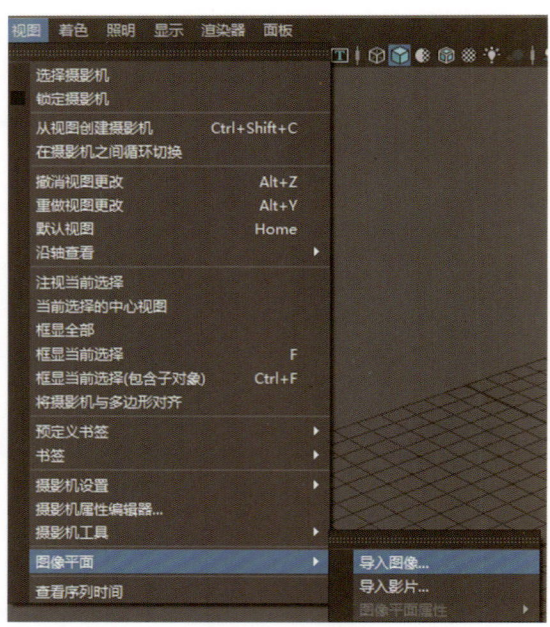

图 4.27　依次选择"视图"→"图像平面"→"导入图像"命令

贴图导入的默认路径是工程文件目录。首先单击打开工程文件目录，可以看到该贴图已经导入。然后选中该贴图，将贴图调整到合适大小，并将它作为参照物来进行模型制做。

再建一个盒子，调整显示模式，依次选择"着色"→"X射线显示"命令，如图4.28所示。此时该操作视窗中的模型会半透明显示，这样方便进行下一步操作。接着把盒子调整到合适的厚度。

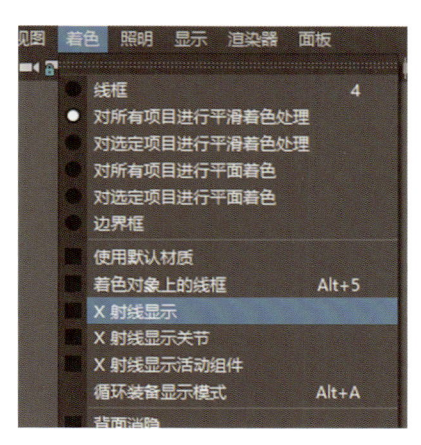

图 4.28　依次选择"着色"→"X射线显示"命令

接下来进行布线操作，依次选择"通道盒"→"创建"→"细分数"命令，对细分数进行调整。

先调整边角，若有近景镜头，则需要将边角转折处理得圆滑一些。在留线条时，若有特写镜头，则可以多留一些线条，这样就会多一些控制点，可编辑的点多，就可以对线条进行相对更精准的调整。

键盘形状调整完毕后，需要制作键盘的按键，因为按键比较多，所以可以统一制作，或者分组制作。

首先根据参照图调整布线，然后选中需要制作的面。在选择多个面时需要注意，不要框选，因为框选有可能会选到背面。选中需要制作的面后，直接执行"挤出"命令。

在默认情况下，如果对多个相邻面执行"挤出"命令，那么挤出的面是连接在一起的。依次选择"设置"→"建模"→"保持面的连续性"命令，取消对"保持面的连续性"勾选，如图4.29所示。

此时在对面进行挤出操作时，挤出的面都是各自分开的，即是相互可以独立操作的面。挤出完成后，用鼠标单击操作手柄，切换到缩放模式，可以直接将面缩小，仔细观察操作结果。

根据键盘参照图，反复执行挤出、缩放、移动命令，调整出需要的按键形状。为了让按键形状精致一些，可以通过"挤出"命令为按键制作倒角效果。

课后总结

不可以随心所欲地进行三维建模，要习惯按照尺寸或三视图进行建模。

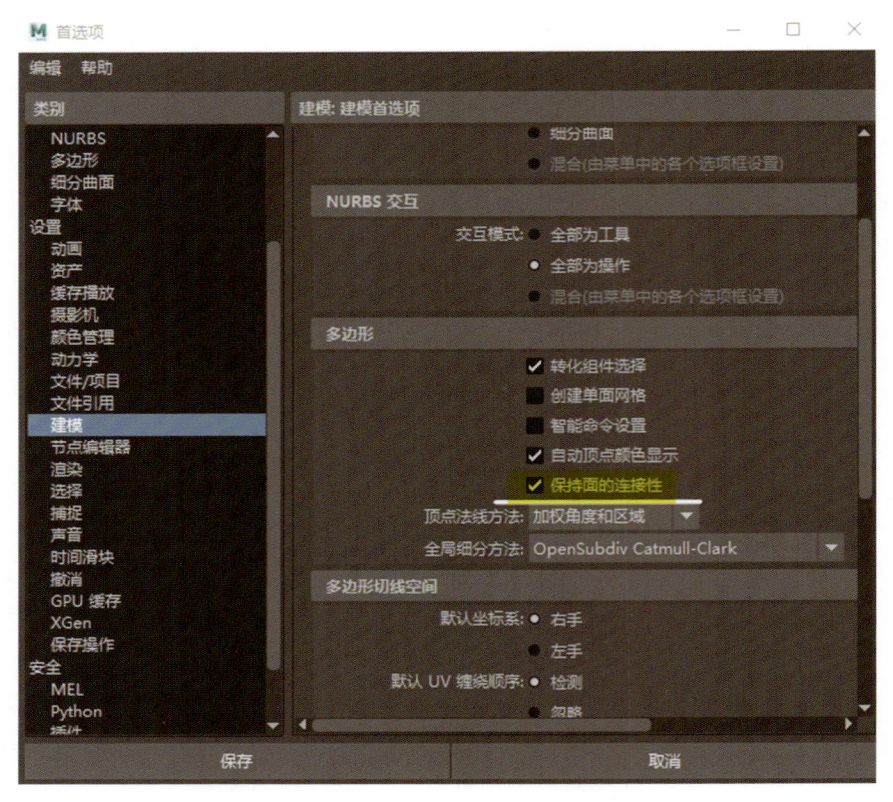

图 4.29　取消对"保持面的连续性"勾选

课程与课后练习

根据参照图，制作键盘等有弧度的模型，可以通过"晶格变形"命令进行调整。部分学生作业如图 4.30 所示。

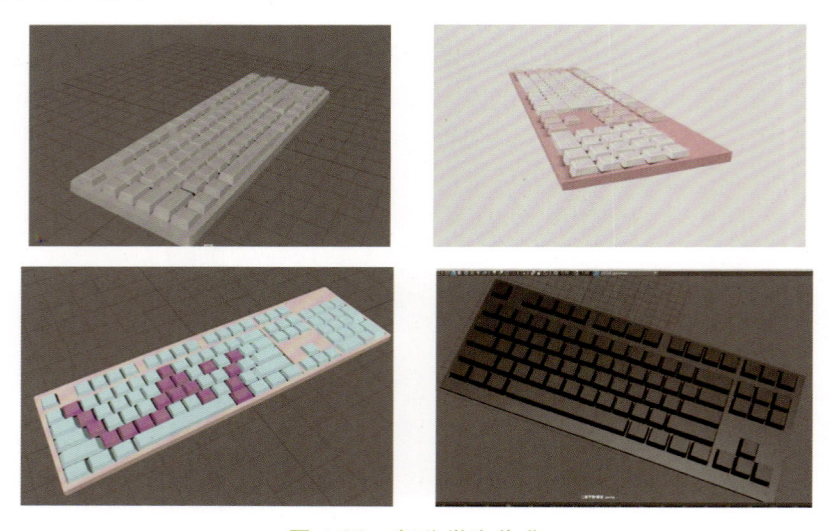

图 4.30　部分学生作业

第4章 道具与场景建模

请扫描右侧二维码查看制作键盘的过程。

4.7 场景建模

本节主要介绍场景建模。前几节所讲的命令已经可以制作道具和精准道具了。本节着重讲解建筑物的制作方法。

若使用盒子来制作建筑物,会有一些问题。如果是远镜头,简单地把盒子作为一个背景,然后加上一些贴图,这样处理是可以的。但是如果是近镜头,有建筑物的具体细节,如要求门、窗可以推开,这时简单使用盒子来制作建筑物就会出问题,故这种情况下不能使用盒子直接制作。

通常使用盒子做墙体拼接,根据房屋大小来制作房间墙壁,注意合理设置墙壁的厚度。Maya中的单位不代表任何意义,只是内部的一个衡量单位,具体比例尺可以根据工程项目自行设定,可以用一个单位代表1米,也可以用一个单位代表10厘米。

在拼接墙体时需要留意,特别是如果有外观镜头,那么在拼接墙体时一定要注意不能留有缝隙或超出连接线。如果对墙壁的厚度没有要求,那么可以使用盒子制作房顶和地面。

此时房屋大体设计已经完成。如果需要具有开门或者开窗户的功能,则需要进行下一步操作。

在操作之前,先介绍一个工具——层工具,如图4.31所示。新建一个层,然后双击可以对该层进行重命名,如图4.32所示。双击该层还可以改颜色。改颜色后,该层内模型的拓扑线(也就是模型的布线)就会变成调整后的颜色。

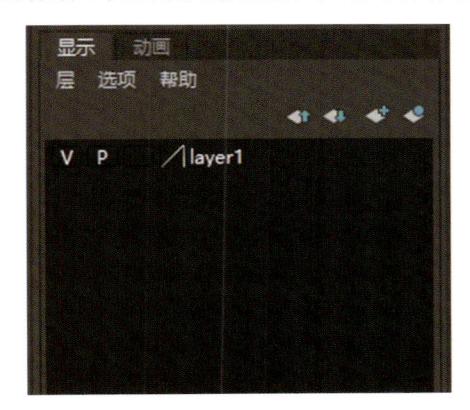

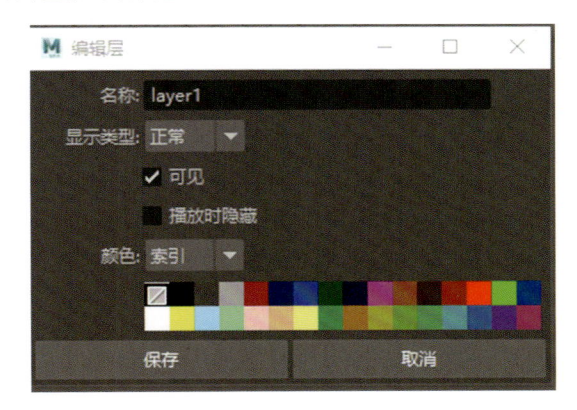

图4.31 层工具　　　　　图4.32 对层进行重命名

首先选择一面墙壁,添加选定对象,然后勾选"层"复选框,可以显示或者隐藏该层。然后把模型都放到这一个层里,也可以多建几个层,把模型分别放入不同层里。

当场景中的模型比较多需要归类时,可以通过对层重命名和改变层的布线颜色来进行区分,进而增强识别度。

45

下面介绍制作门、窗的具体步骤。首先要用一个比较简单的命令——"布尔"，利用"布尔"命令在墙壁上挖一个洞，如图 4.33 所示。

但是使用"布尔"命令时，容易产生一些问题。如文件崩溃，或者是做完运算后，墙体出现问题。但是像这种简单地在墙壁上挖洞的操作，是可以直接使用"布尔"命令进行操作的。

图 4.33 "布尔"命令

为了降低布尔运算后出错的概率，需要执行删除历史的操作。打开菜单栏，依次单击"编辑"→"按类型删除"→"历史"命令，如图 4.34 所示。

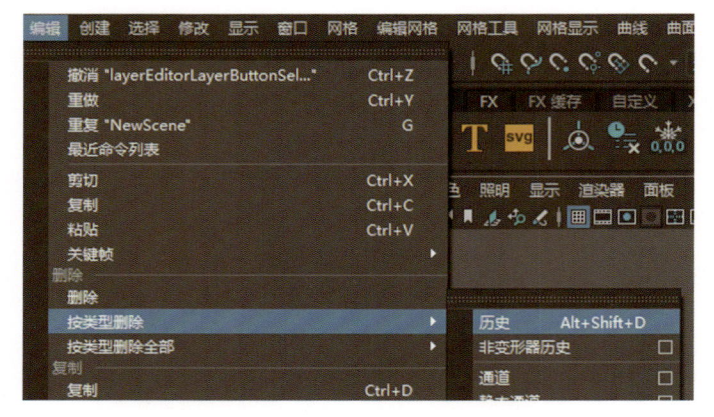

图 4.34 依次单击"编辑"→"按类型删除"→"历史"命令

执行"布尔"命令，在墙壁上挖一个门洞。选中 a 再选中 b，并执行差集运算，门洞就挖出来了，非常方便。

执行完"布尔"命令后，需要删除历史。执行"布尔"命令后大概率会出现非法面，所以完成布尔运算后，要尽量把墙壁尺寸调整得合理一些，可以通过多切割工具对墙壁进行调整。这是为了防止在使用布尔运算后，出现一些不可预知的错误。

接下来用同样的方法把窗户的洞挖出来。注意门、窗的尺寸要合理。住宅房屋内的高度一般不超过 3 米，入户门的宽度一般不超过 1.2 米，通常窗户的高度不会高于门的高度，窗户离地的高度通常是 1.2 米。

接下来就可以制作门、窗，方法也很简单，用之前讲过的命令就可以完成制作。首先创建盒子，将其调整到相应的大小。门比门洞要略小一些，门的厚度为 0.24 米，然后再进行一些细节处理，根据门的结构来进行处理。调整布线，使用挤出命令，制作出一个标准门。

然后进行窗户的制作，制作窗户与制作门相同，可以使用一个盒子来制作。窗户可以比窗户洞大一些。先调整布线，再进入次物体编辑模式，把面全选中，执行挤出命令。勾选"保持面的连续性"单选按钮，否则在进行挤出操作时，面会散开。

最后制作窗户的细节，与制作键盘的道理是一样的，先调整布线，然后反复利用挤出命令，完成窗户细节的制作。

利用多边形工具为门加把手。制作门把手的方法有很多，可以用几何体去拼一个门把手，也可以用多切割工具来制作门把手，还可以先在门上画出来一个需要的形状，再用挤出命令去制作门把手，如图 4.35 所示。

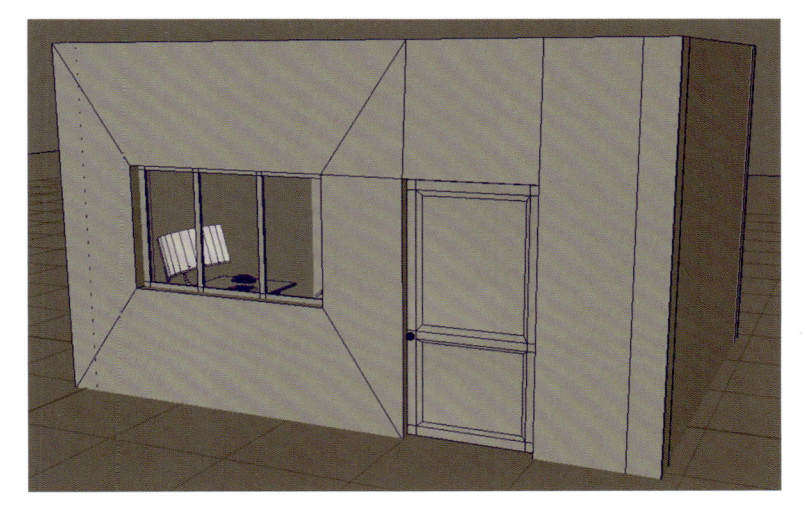

图 4.35　用挤出命令制作门把手

课后思考

对场景建模（即 Maya 的基础建模）的讲解就已经告一段落了，以上讲解的基本命令已经足够满足制作场景模型的需求了。思考利用各种命令的组合来制作不同的模型。

课程与课后练习

利用之前讲的内容，完成场景建模，以及房内的家具用品，可以包括桌、椅、床、书柜等，部分学生作业如图 4.36 和图 4.37 所示。

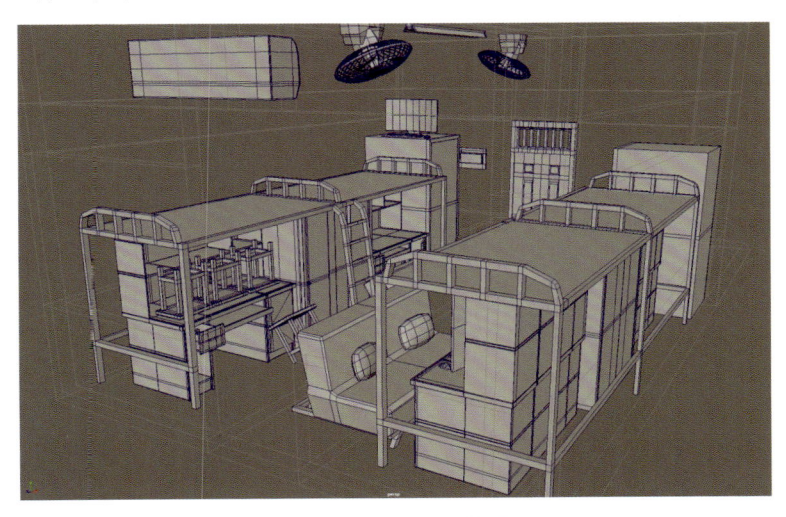

图 4.36　部分学生作业 1

图 4.37　部分学生作业 2

请扫描右侧二维码查看场景建模的过程。

第 5 章　材质、灯光与渲染

本章导读

本章主要介绍关于输出效果的相关内容，Maya 的输出效果是由材质、灯光、渲染决定的。这些因素互相影响，缺一不可。

主要内容

- 材质属性
- UV 与贴图控制
- 灯光与渲染

本章重点

- 材质与灯光的关系
- 材质与贴图的关系

思考

- 你看过的三维动画中是否有画面效果特别好的？你能总结出它们的优点吗？
- 你看过的三维动画中是否有画面效果特别差的？你能总结出它们的缺点吗？

Maya 的材质、灯光、渲染是相辅相成、相互影响的，本章主要介绍 Maya 软件的材质节点、贴图原理、灯光属性、布光方法及渲染设置。

5.1 材质的基本属性

打开菜单栏，依次单击"窗口"→"渲染编辑器"→"Hypershade"命令，打开"Hypershade"材质编辑器，如图 5.1 所示。

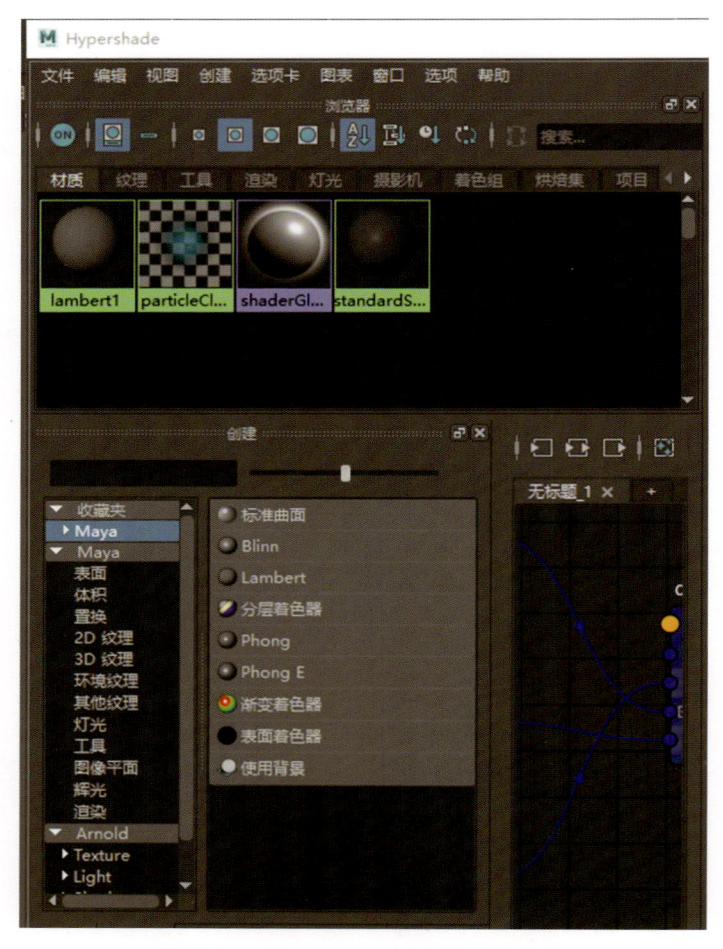

图 5.1 "Hypershade"材质编辑器

所有创建的材质都会在材质编辑器的窗口中显示，包括纹理工具、渲染灯光、摄像机设置等。

首先介绍创建栏。第一项是基础材质，是使用率比较高的材质。本节主要讲解基础材质的基本属性。第二项是表面材质，用于一些特殊的设计，如灯光的贴图等。最后一项是渲染器自带的一些材质。

5.1.1 基础材质

常用的基础材质有三种，"Blinn"材质用于制作金属类的物体，用得比较多；"Lambert"材质用于制作哑光的布料、木头之类的物体，或者是水泥、墙壁，是一种没有高光属性的材质；"Phong"材质适合用于制作一些镜面反射比较强的物体，类似于塑料、玻璃之类的材质。

5.1.2 基础材质的基本属性

下面介绍基础材质的基本属性。

1. Lambert 材质

先创建Lambert材质球，再选中模型，然后右击"Lambert材质球"不放，拖动鼠标至"为当前指定材质"处松手，即将材质的属性赋予模型。

双击Lambert材质球，显示其属性，可直接在属性编辑器中编辑属性。也可以利用材质编辑器进行属性编辑，两者是对应的。通常在属性编辑器中编辑属性，这样比较直观。

除了在材质编辑器中选择材质节点，还有一种选择方法，就是选择模型后，在模型的属性编辑器中，对材质球的属性进行编辑。材质球的基本属性如图5.2所示。

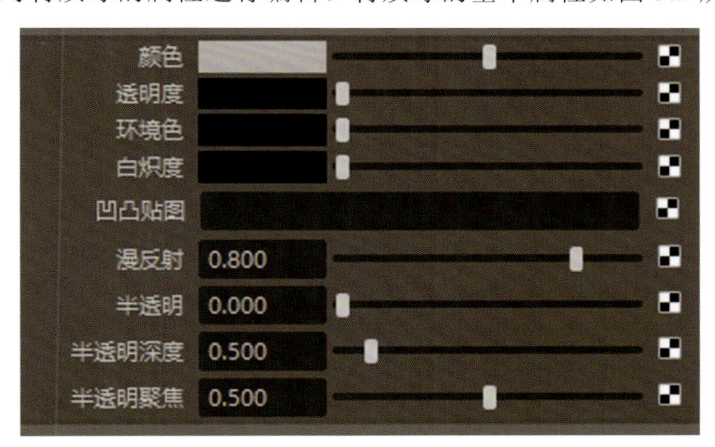

图 5.2　材质球的基本属性

第一项是颜色属性，可以通过拖动滑块来调整材质的颜色。也可以单击"颜色"后方色块进行调整。

第二项是透明度属性，通过拖动滑块来调整材质的透明度。可以看到，当将滑块拖到最右侧时，材质为完全透明，玻璃材质可以采用这样的透明度。在为模型赋予材质时，整个模型可以是同一种材质，也可以单独给某个面赋予不同的材质。先选中需要赋予材质的几个面，再赋予材质，调整需要的透明度，如透明材质。

第三项是环境色属性，第四项是白炽度属性，这两个属性比较相似。调整这两个属性，材质球会变亮，那么如何区分这两个属性呢？

可以这么理解，环境色相当于环境对材质产生的影响，材质本身内部会折射颜色。如果冻、蜡烛之类的材质，这类材质是有折射属性的，环境光照射之后会对材质产生一定影响。所以，材质球本身是红色，环境色属性加强后，相当于环境光影响它会使其变亮，但它本身还是红色的。仔细观察，材质球本身还是有亮面和暗面区别的。

白炽度则与环境色不同，白炽度是纯粹的加亮。可以把白炽度理解为白炽灯的属性，就是材质本身是会发光的，当把白炽度属性值调整到最大时，就会变成白炽灯一样的材质，完全没有颜色属性。

所以这两个属性是不一样的。白炽度会损失它本身的色相，而环境色对本身的色相影响会小一些。

（1）"凹凸贴图"属性。凹凸贴图是模拟模型表面有凹凸效果的一种贴图。因为凹凸贴图必须得加贴图才能执行效果，所以单击"凹凸贴图"属性右面的黑白框，创建渲染节点，使用 Maya 自带的凸起贴图，但是这样观察不到凹凸的效果。这是因为用贴图来模拟凹凸效果，所以必须有合适的灯光在进行渲染时才能看到效果。

创建一个简单的平行光，并且打开"阴影"属性，使用软件渲染来观察效果。灯光与渲染后面章节会详细讲解。

观察渲染效果，可以看到模型本身是圆的，加上凹凸贴图后，模型看起来是有凹凸效果的，如图 5.3 所示。

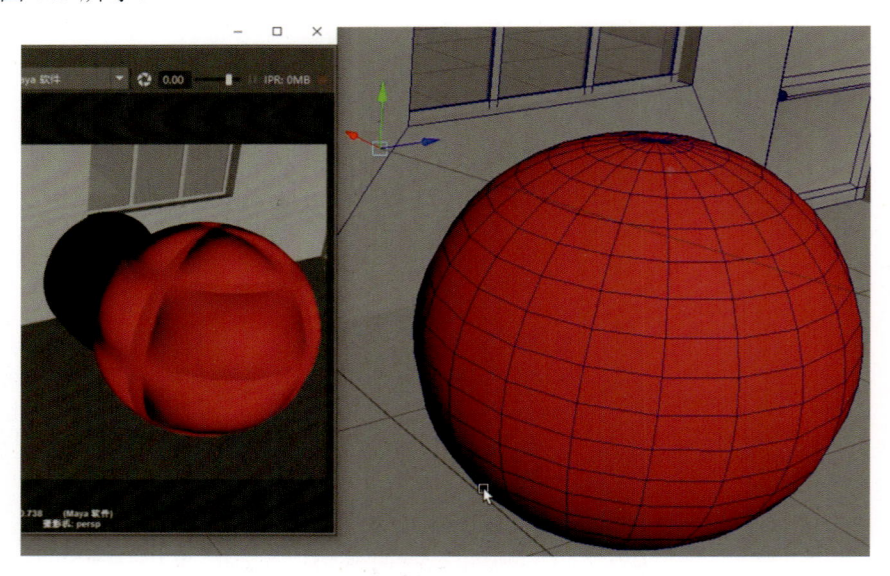

图 5.3 给模型加上凹凸贴图

如果有近镜头，那么凹凸贴图会穿帮。因为模型本身是没有变化的，只可以看到球的边缘还是圆形的，虽然看起来是凹凸的，但实际上是假凹凸。所以，只有渲染时才能看出来效果。

可以利用凹凸贴图制作很多效果，凹凸贴图经常会用到。因为自然界中不存在表面完全光滑的物体。如果镜头有特写或者近景，通常都会稍微加一点凹凸效果以增加材质的粗糙感。

在凹凸贴图的位置给一个"分形噪波"贴图，此时直接渲染的效果很差，因为默认的凹凸值，也就是凹凸的强度太高，把凹凸的强度往下降一点再观察效果，现在很像正常的岩石或者水泥材质的效果，如图 5.4 所示。

如果做一些桌子、椅子之类的材质，就需要更小的凹凸值。对一般要求比较高或者镜头推得比较近的布料、墙面、桌子这些材质稍微加一些凹凸效果，那么这些材质看起来会更真实、更自然，如图 5.5 所示。

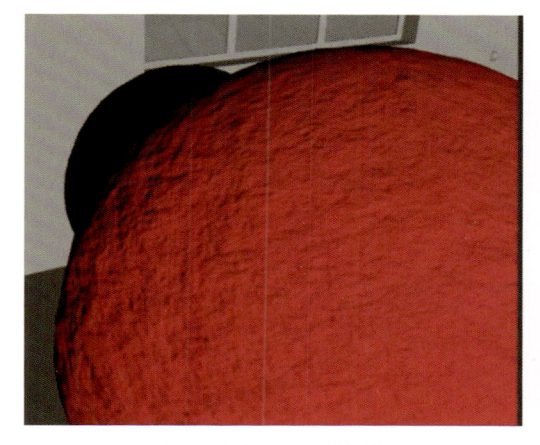

图 5.4 "分形噪波"贴图的效果

图 5.5 给材质加一点凹凸效果

在平常制作模型时，有时会发现制作完的模型看起来很生硬，一看就是假的。这是为什么？原因很可能就是材质和灯光处理得比较生硬。如果没有加凹凸贴图，那么这个球是完全光滑的，看起来就会感觉生硬且不真实。

（2）添加贴图的方法。理论上讲，Maya 中所有属性后面都有一个黑白框，即都可以添加贴图。不仅是材质属性，其他属性都是如此，如图 5.6 所示。

为材质的颜色属性增加贴图后，按数字"6"键，可以在操作窗口显示贴图效果。

右击可以断开连接，解除该节点的贴图属性对模型的影响，如图 5.7 所示。

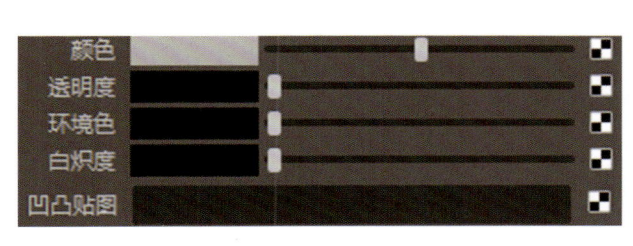

图 5.6 其他属性

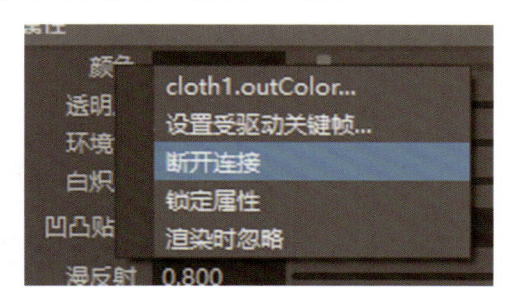

图 5.7 断开连接

加贴图时，可以使用系统自带的纹理，也可以使用外部贴图。单击"添加贴图"按钮，再创建渲染节点，单击"文件"按钮，如图 5.8 所示，在"图像名称"位置单击文件夹的图标（见图 5.9），可以调用计算机中存储的贴图。

如何调整贴图？后面章节在讲到 UV 与贴图关系时会详细阐述，现在只需要了解怎么把贴图加上去，然后了解贴图属性节点的用法就可以了。

图 5.8 单击"文件"按钮

图 5.9 单击文件夹的图标

（3）漫反射。漫反射是物体在自然环境下的反射形式，在这里主要影响材质本身的显现程度。也就是说，漫反射值越高，材质渲染程度越高，其默认值是 0.8，所有材质在渲染后都会有一定的融合度。如果需要渲染一个材质，渲染后的效果比较灰，而希望得到一种纯度、亮度都很高的效果，那么可以尝试调高该材质的漫反射值。

（4）半透明。包括半透明深度和半透明聚焦。半透明属性用于模拟胶状物体、果冻、蜡烛等材质，光线会在它们的内部发生反射、折射。

（5）特殊效果。基础材质自带辉光效果，其辉光强度的默认值是 0，如图 5.10 所示。调整属性，然后进行渲染，可以看到渲染效果。在"特殊效果"对话框中勾选"隐藏源"复选框，在渲染时，只会渲染出来辉光，而发射出辉光效果的模型不会被渲染出来。

图 5.10 辉光强度的默认值是 0

利用辉光属性，可以制作很多效果，如萤火虫发光的效果，可以在萤火虫的尾部，加上一点辉光材质，这样效果就比较好。也可以用环境色或者白炽度这两个属性，与辉光属性配合，制作类似于夜晚的灯光的效果。故辉光属性的作用很大，当然也可以利用辉光属性做出一些比较有意思的效果，而且比较方便。

2. Blinn 材质

直接渲染 Blinn 材质的默认属性可以看到有金属的质感。Blinn 材质的属性包括颜色、透明度、环境色、白炽度、凹凸贴图、漫反射等，与 Lambert 材质的基本属性是一样的。Blinn 材质的镜面反射着色属性包括高光与反射两个属性，如图 5.11 所示。

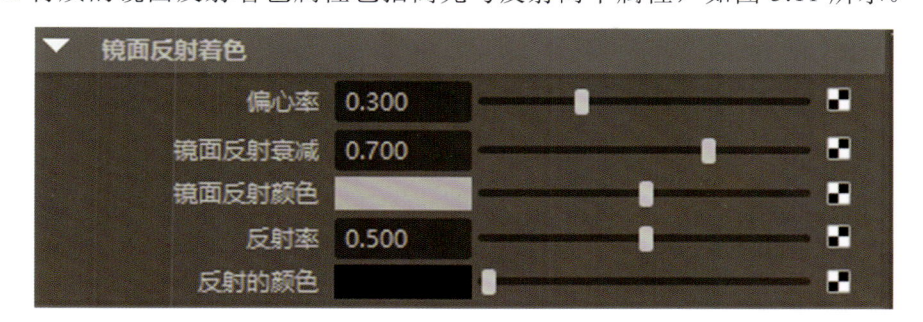

图 5.11　镜面反射着色属性

下面主要介绍镜面反射着色属性的功能。

（1）偏心率属性：用于调整高光范围。

（2）镜面反射衰减属性：用于调整高光强度。与偏心率属性互相配合，可以调整出不同的材质效果。根据具体需要来调整材质效果，如是一种镜面的金属材质效果，还是一种比较粗糙的金属材质效果。

另外，在以上两个属性上添加合适的贴图，可以做出破旧的金属材质效果。

（3）镜面反射颜色属性：用于控制高光的颜色。如果给高光一个颜色，那么就可以调制出在有色灯光下的材质效果。

（4）反射率属性：反射率是指环境对材质的影响。将反射率调到最低，相当于关闭反射，在制作大部分物体时，是不需要反射效果的。因为有的金属是不反射光的，只有镜面金属反射强度会比较高，而一般金属的反射强度都不会太高。不仅是金属，瓷砖地面或者大理石地面都有反射率。故如果制作瓷砖或大理石地面的材质，则可以稍微加一点反射率。

将地面赋予材质并进行渲染，可以看到，在有反射的情况下，地面看起来会比较光滑。但是要注意，稍微加一点反射即可，不要加太多，加太多的话，看起来地面就好像是一面镜子。

（5）反射的颜色属性：该属性对材质本身的影响并不大。如果有合适的环境进行反射，实际上是用不到这个属性的，通常是作为环境反射的补充。如果觉得反射效果不好，那么可以加一些反射的图片来增强反射的效果。

3. Phong 材质

Phong 材质可以用在光滑表面，如镜子、玻璃、塑料等。该材质的部分功能与 Blinn 材质的部分功能是重叠的，如图 5.12 所示。

首先渲染默认属性，查看效果。实际上，Phong 材质与 Blinn 材质很像，基础属性都是一样的，如颜色、透明度、环境色、白炽度、凹凸贴图、漫反射（包括半透明度及深度聚焦）等。

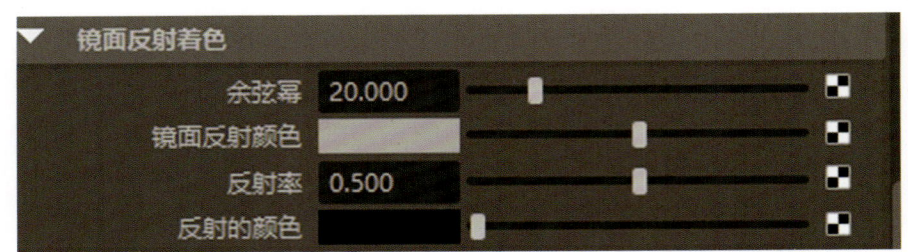

图 5.12　Phong 材质的部分功能

Phong 材质与 Blinn 材质的不同之处在于镜面反射着色部分，与 Blinn 材质相比，Phong 材质少了一个控制高光强度的属性，即只有范围和颜色这两个属性。

读者可以自己去设置材质球的基本属性，观察不同属性可以达到什么样的效果。

课后思考

在材质的不同属性节点上，增加不同贴图，了解和掌握这些节点的作用，以及添加贴图后能实现的大致效果。

课程与课后练习

尝试为场景中的模型赋予合适的材质球，学生作业如图 5.13 所示。

图 5.13　学生作业

扫描右侧二维码查看材质基本的属性。

5.2 贴图原理及 UV 基础应用

本节主要介绍贴图原理及 UV 基础应用等内容。

首先创建一个材质,并为其添加一个简单的贴图,即棋盘格的贴图。在添加完贴图后,整个贴图会变形,如图 5.14 所示。

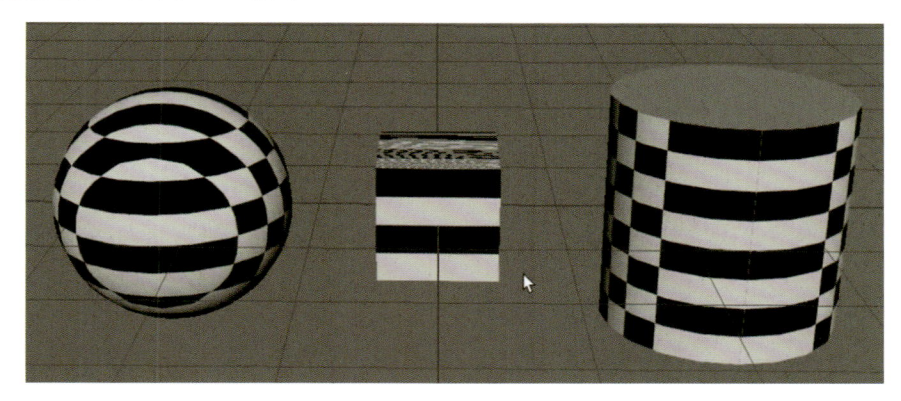

图 5.14 为创建的材质添加贴图

如果模型是正常的原始的几何模型,那么添加贴图这一操作是没有变形这个问题的。贴图变形的原因是在进行一些操作后,拓扑结构被破坏了,所以贴图会变形,那么该如何解决变形问题?需要用 UV 来解决,那么 UV 是什么?UV 是 Maya 贴图的呈现方式,可以把它理解为幻灯片。

给 UV 附加一个贴图,可以把 UV 理解为幻灯片的胶片,通过投影仪,照到胶片上,再投影到幕布上。这里就是通过投影仪,然后照亮贴图,投到物体上,物体就承担了幕布的角色。

UV 就起到调整幕布的形状或者位置的作用。因为大部分模型都不是一个平面,所以可以将 UV 理解为模型的表面定位信息,即是给贴图定位的。原始 UV 与模型的点重叠通过展 UV 的方式,把本来三维的立体的 UV 展开成平面,以适应投影幕布这一角色。

在菜单栏中,"UV"下拉菜单中有很多的工具。最常用到的是圆柱形、平面、球形这三个,如果制作场景模型,那么使用这三个 UV 工具就差不多够了,如图 5.15 所示。

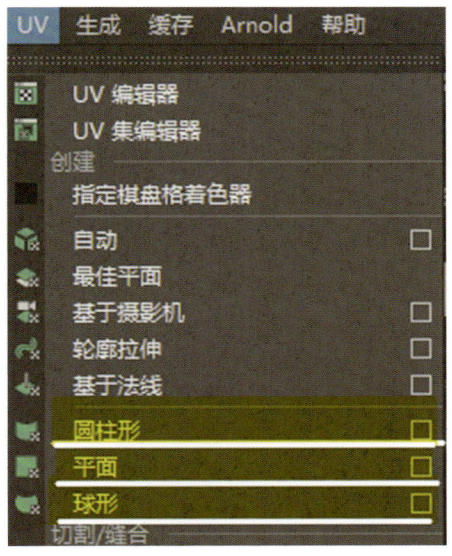

图 5.15 圆柱形、平面、球形工具

1. 平面 UV

首先选中需要调整的平面 UV，如果是平行面，那么可以同时选中这些面并进行调整。依次单击"UV"→"平面"命令，赋予选中的面是一个平面 UV，平面 UV 有一个方向问题，也就是投影源从哪个方向投到幕布上来，如图 5.16 所示。

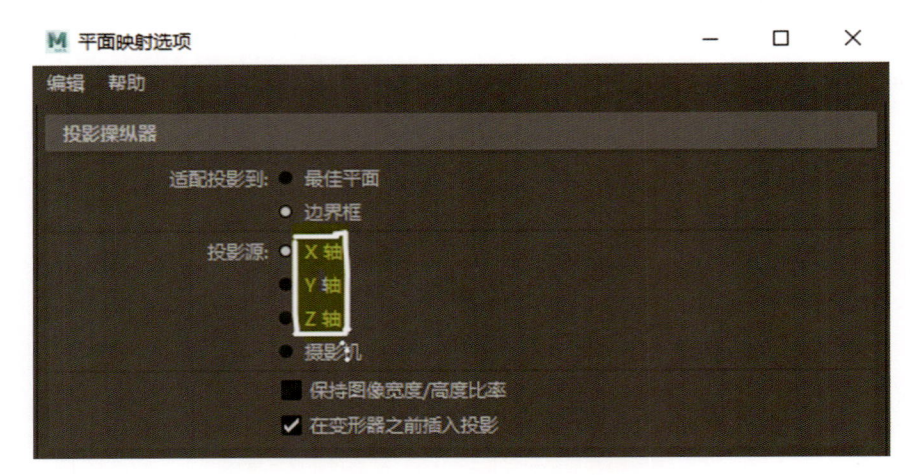

图 5.16　投影源的方向选择

先找到正确的投影方向，即在平面 UV 中也要选择好方向。然后调整平面 UV 大小，也就是调整投影幕布大小，使之匹配选中的模型面。拖动 UV 控制操作手柄外框进行调整。拖动边框可以向某个方向进行缩放，拖动角框可以进行整体缩放。

另外，在单击选中交叉的红线时，会切换到旋转模式，然后单击外圈，可以切到按轴向旋转模式，这种旋转模式在什么时候使用？当某个面不是一个 90°或者不是一个平行的面，即是一个斜面时，就可以调整旋转属性。

创建完平面 UV 后，通道盒中的输入会有一条历史记录，如图 5.17 所示。

图 5.17　历史记录

UV 的操作手柄只在创建完 UV 时出现，如果进行了其他操作，这个操作手柄就会消失。如果再次调整 UV，就需要选中该 UV 的历史操作。然后单击左侧面板，最后使用的工具是操纵器工具，如图 5.18 所示。

此时，刚才使用的 UV 编辑器操作轴就能显示出来了，这样就可以继续编辑了。

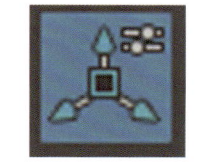

2. 圆柱形 UV

圆柱形 UV 的相关属性用默认属性即可。调整的方法是拖动边缘，出现一个红色按钮，可以通过红色按钮调整圆柱形 UV 的大小，调整到合适的位置即可。

图 5.18　操纵器工具

3. 球形 UV

圆球状模型可以用球形 UV 工具来投影。应用球形 UV，两端的 UV 效果并不是很好，因为球形是要闭合的，所以会有一定的变形。如果遇到这种问题，一般有两种解决方法。一种方法是镜头不要移动到变形那一侧，或者旋转模型，将不合理的部分隐藏在镜头视角之外；另一种方法是可以单独地稍微调整一下看起来不是很好的这些面的 UV，可以用平面 UV 编辑器弥补。

以上是三种 UV 的一些基本应用。下一节将介绍对贴图的控制。

课后思考

充分理解贴图投射原理与 UV 原理。

课程与课后练习

调整场景、道具模型 UV 以达到需要的效果，学生作业如图 5.19 所示。

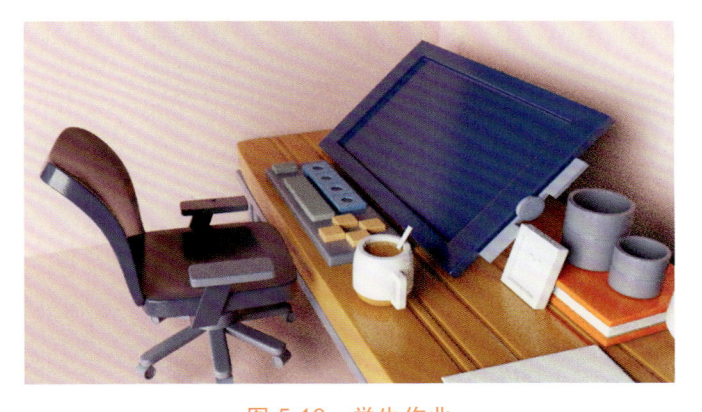

图 5.19　学生作业

请扫描右侧二维码查看贴图原理和 UV 基础应用的相关内容。

5.3 贴图的调整与使用

本节介绍贴图的使用方法。上一节已经讲过 UV 的调整方法，即调整幕布的方法，使幕布与模型适配。贴图相当于投影仪中的胶片，下面来看一下怎么去控制和使用贴图。以第 4 章模型为例进行讲解。

首先，创建一个 Lambert 材质球，并将该材质应用到墙壁上。然后，对材质球进行调整，添加一个贴图（文化石），再调整 UV，调整到比较合理的位置为止。

下面先进行渲染，查看渲染的效果，再进行软渲染，查看初步效果，如图 5.20 所示。

图 5.20 软渲染的初步效果

如图 5.20 所示，对于文化石这种石材，一般要增加凹凸贴图，增加后，表面效果会比较逼真。

通常在 Maya 中，凹凸贴图和透明度贴图都会默认为黑白色。所以最好利用 Photoshop 软件将贴图处理成黑白色，这样比较直观。如果是彩色的图，也会被自动识别为黑白色，这样可能得不到想要的效果。

小技巧：如果在观察凹凸贴图效果时，感觉效果不明显，不好观察，那么可以通过右击把颜色属性上的贴图连接断开。在没有增加颜色贴图时，凹凸效果就会很明显地显示出来。根据显示效果调整凹凸贴图的强度。然后再赋予贴图需要的颜色即可。

打开"Hypershade"材质编辑器，在"纹理"选项显示所有使用过的贴图，其中有一些是之前使用的，但是后面就没有再使用了，可以删除这些不经常使用的贴图。在"Hypershade"材质编辑器菜单栏中选择"删除重复的着色网络"和"删除未使用节点"选项。因为前面已经创建了颜色属性上的贴图，所以没有必要再去创建，按住鼠标的中键，将贴图拖动到颜色属性，松手即可将颜色属性添加上。

双击已创建的 file 贴图，可以看到贴图的 Texture 属性，通过设置这些属性可以调整贴图，包括贴图的位置、大小、方向、重复方式等。读者可以自行尝试调整这些属性，如图 5.21 所示的是调整 Texture 属性后的贴图效果。

关于材质基础使用的内容，讲到这儿就告一段落了，对于基本的场景建模这些内容已经足够了，下一节开始讲解灯光和渲染。

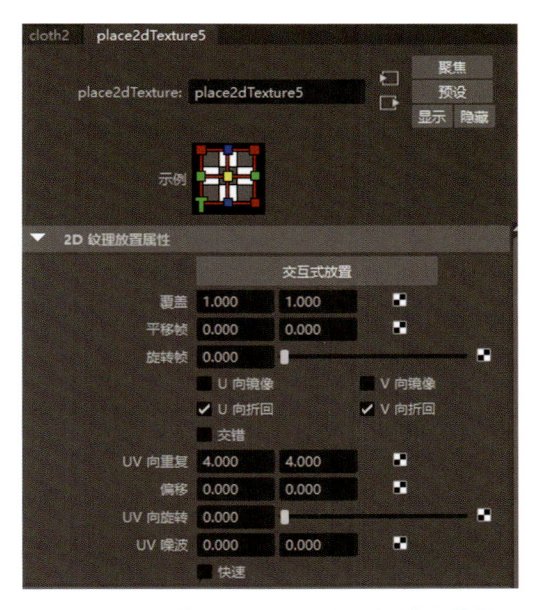

图 5.21　调整 Texture 属性后的贴图效果

课后总结

学习三维动画基础课程是为了让读者能快速进入三维动画世界。学习三维软件，尤其学习像 Maya 这类的大型软件，快速掌握并能够使用基础命令进行相对复杂的制作，将有助于读者保持良好的学习状态。

课程与课后练习

根据讲过的贴图知识，尝试将前期做的椅子、凳子、建筑物、键盘、人偶等模型设置成不同材质，包括玻璃材质、金属材质、塑料材质等。学生作业如图 5.22 所示。

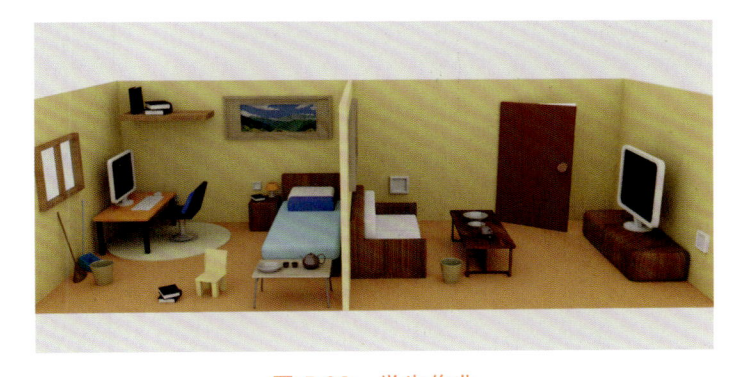

图 5.22　学生作业

请扫描右侧二维码查看贴图的调整与使用等相关内容。

5.4　渲染的基本设置

因为后面要介绍灯光基础的相关设置，必须配合一些渲染设置，所以先介绍渲染设置的相关内容。

渲染功能在菜单栏中，依次选择"窗口"→"渲染编辑器"→"渲染视图"命令，如图 5.23 所示。

在渲染视图窗口中，可以选择需要使用的渲染器。通常来讲，渲染器一般分为软件渲染器（简称软渲）和内置的阿诺德渲染器。使用阿诺德渲染器和软件渲染器在输出序列帧时，使用的命令是不同的。首先需切换到"渲染模块"，然后单击"渲染"下拉菜单，如果通过软件渲染器输出序列帧，则需要使用"批渲染"命令（见图 5.24）。如果通过阿诺德渲染器输出序列帧，则需要使用"渲染序列"命令（见图 5.25）。依次选择"渲染视图"→"选项"→"渲染设置"命令，打开"渲染设置"界面（见图 5.26）。

图 5.23　依次选择"窗口"→"渲染编辑器"→"渲染视图"命令　　图 5.24　"批渲染"命令

相对于阿诺德渲染器来讲，软件渲染器的属性会少一些，但是两者的公用设置是基本相同的。所以只需要掌握软件渲染器的基本设置就可以进行正常渲染了。

下面主要介绍公用"渲染设置"界面的基本组成，如图 5.27 所示。

首先是"文件输出"，用于设置输出格式和输出路径。其次是"帧范围"，用于设置渲染的时间和渲染范围（从第几帧渲染到第几帧）。然后是"可渲染摄像机"，用于设置选择用哪个摄像机进行渲染。最后是"图像大小"，用于设置图像的尺寸大小和像素大小。

Alpha 通道和 Z 通道的信息通常使用默认设置。Alpha 通道是透明通道，当渲染输出可以携带通道信息的格式时，后期软件会自动识别通道信息。如果需要 Z 通道信息，则可以把 Z 通道勾选上再进行渲染。但是 Z 通道信息被渲染出来后，在后期处理时，效果并不是很好，所以默认的是不勾选 Z 通道。

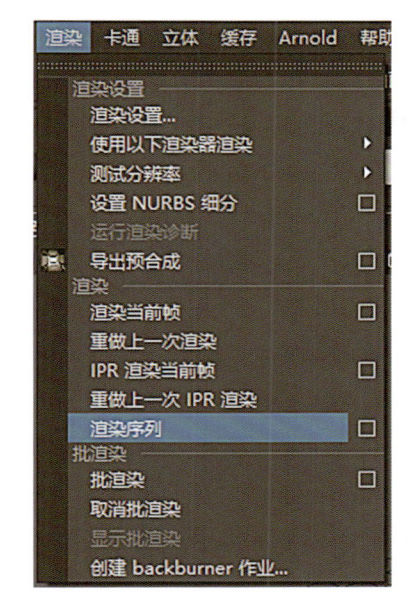

图 5.25 "渲染序列"命令

图 5.26 "渲染设置"命令

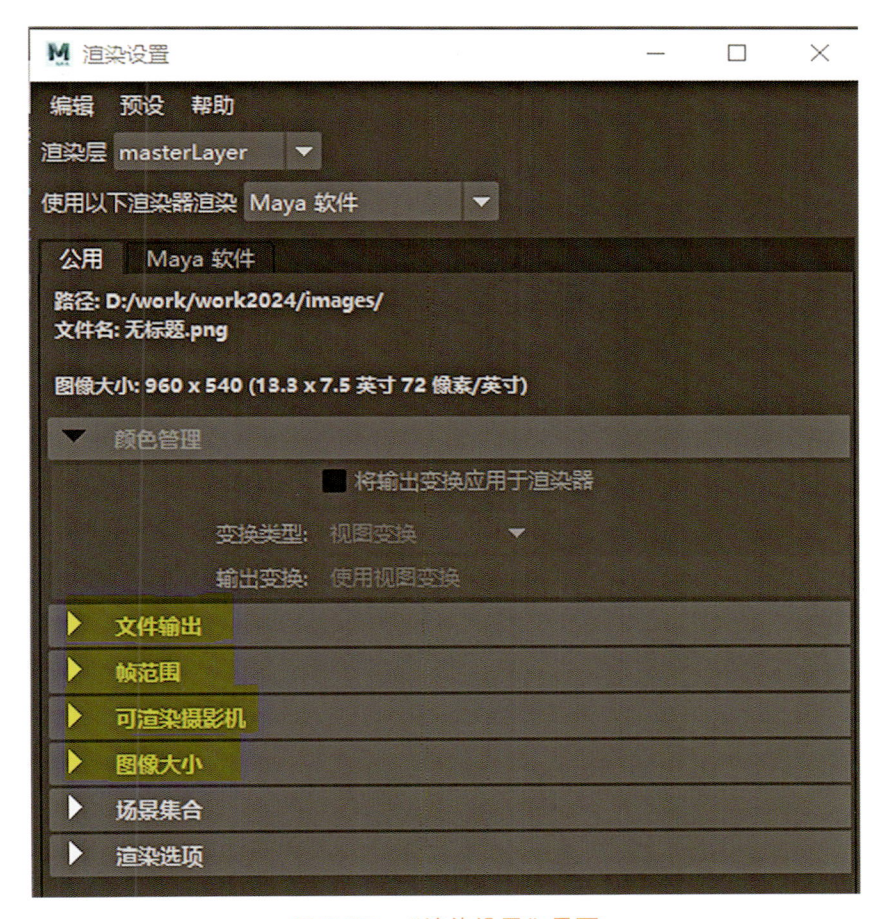

图 5.27 "渲染设置"界面

另外通过软件渲染器的设置主要包括质量,当根据需求预渲染时(也就是在测试时),选择一种预览质量,或者自定义一种预览质量。如果正式输出帧,则可以把渲染质量调高一些。需要注意的是,一定要勾选"光线跟踪质量"复选框。如果不勾选该复选框,则软件渲染器无法渲染阴影,因为现在的灯光基本使用的都是光线跟踪的阴影投影模式。关于阴影的知识,在讲解灯光时,会具体讲解。

阿诺德渲染器和软件渲染器公用设置的具体设置方法如下。

首先需要设置文件输出属性,"文件输出"界面如图 5.28 所示。

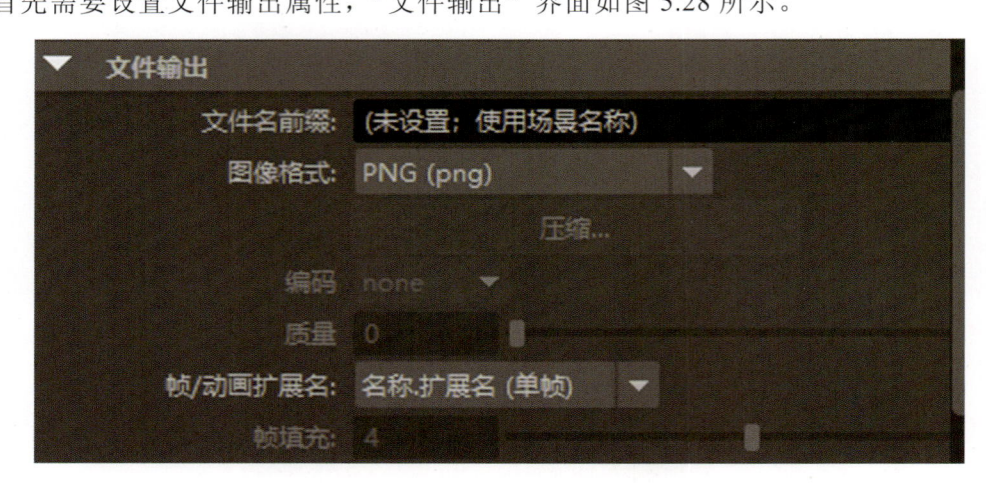

图 5.28 "文件输出"界面

根据用户需要为文件命名。通常来讲,根据短片或者项目的内容为文件名设置一个前缀。例如,需要渲染的镜头分为第一个镜头、第二个镜头、第三个镜头,可以根据镜头对文件进行命名,如 cam01、cam02、cam03 等。又如,根据场景对文件进行命名,可将一个房间内的场景命名为 room01。总之,渲染输出的文件名务必准确、简明、逻辑清晰,以便进行后期编辑。

设置好文件名后,默认输出文件名实际上已经是 room01.png,.png 就是输出格式,用户可以根据需要选择输出格式。通常来讲,在输出视频时,Maya 不会直接输出.avi 或者其他格式的视频。通常会输出三种格式,即.jpg、.tif、.tga 格式。一般会输出图片的序列帧。

如果输出的是 AVI 视频格式,那么一旦在输出过程中发生意外情况,如断电、计算机系统崩溃、电源线断开,渲染就会中断,没有渲染完的视频有可能打不开,那么前半段的渲染时间就白费了。还有一种情况,如果路径命名有问题,或者是贴图图片有问题,就会导致在渲染时,其中有一段或者某几帧渲染出了问题,此时如果渲染的视频是 AVI 格式,那么在解决这个问题时,就需要把 AVI 导入后期软件中,然后找到是第几帧出的问题,然后再回来渲染有问题的这几帧,再后期合成到一起去,这样会很麻烦。

采用图片的序列帧来渲染,如果渲染意外中断,那么可以检查渲染到第几帧,然后从渲染中断的位置,继续向下渲染。如果在渲染过程中,某几帧出了问题,那么可以直接找到有问题的这几帧图片,然后重新渲染这几帧图片,用重新渲染好的图片替换有问题的图片即可。所以一般来讲，使用 Maya 在输出视频时，都是以图片序列帧的形式输出的。

通常，在渲染序列帧时，要选择名称加序列帧号，再加扩展名，其中扩展名是图片格式的后缀。如果扩展名设置错误，就会导致输出的文件后缀出错，大部分软件包括系统都会默认最后的后缀是文件格式名。错误的文件格式是无法被识别的，会导致很多问题。所以在设置文件名时，要注意文件名的结尾一定是扩展名，中间是序列帧号。

"帧填充"属性的默认值是 4，帧填充的数量是根据渲染需求来计算的。如果需要渲染 100 帧或者 200 帧，那么需要将"帧填充"的数值调整到 4。如果需要渲染 4 位数序列帧，那么需要将"帧填充"的数值调整到 5，这样会比较安全。

这是根据 Windows 系统对文件命名的排序方法来设置的。如果帧填充的数量不足，就会导致很多问题。例如，如果渲染 2000 帧，而将"帧填充"的值设为 2，那么此时就会出现很大的问题，此时最后渲染出来的文件名排列为：它的第一张的序列帧号是 1，第二张的序列帧号是 2，以此类推，后面依次是 3、4、5、6、7、8、9、10，一直到 2000。数字大小是从 1 排到 2000。

但是 Windows 系统，包括很多软件在计算序列帧时，它不是按数字大小进行排列的，而是按数字的第一位大小先进行排序。什么意思？也就是说，如果按照这种形式渲染，那么大部分软件在识别图片时，会认为图片的第一张的序列帧号是 1，第二张的序列帧号不是 2 而是 10，第三张的序列帧号是 11，以此类推。即会先识别数字的第一位并进行排序，所以通常要保证帧填充数要大于序列帧的位数，以保证序列帧的第一位数都是 0。后面这些数字系统会自动识别，按从小到大的顺序进行排序。这样的序列帧数就可以被正确地识别而不会出问题。

"帧范围"属性。用于控制渲染范围（即从第几帧开始到第几帧结束）。根据用户需要去调整"帧范围"属性，如图 5.29 所示。

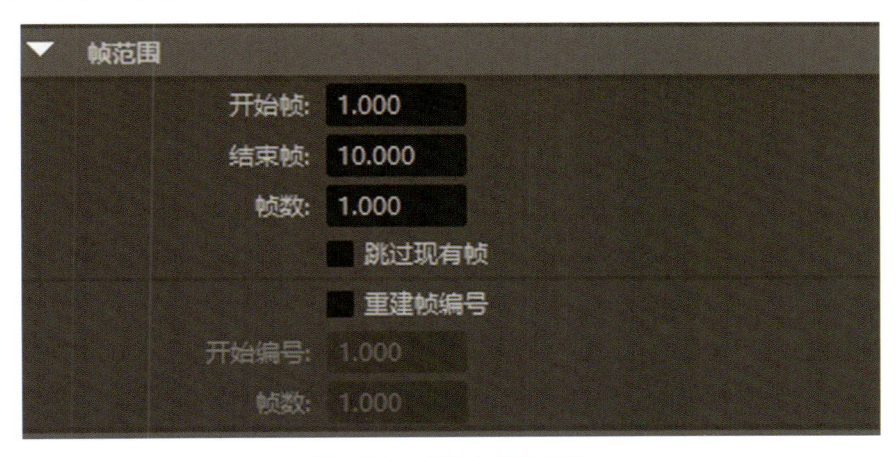

图 5.29 "帧范围"属性

"可渲染摄像机"属性。目前 Maya 自带 persp、front、side、top 共四个摄像机。当新建摄像机时，在"可渲染摄像机"下拉菜单中能显示出来。选择哪个摄像机，就从哪个镜头去渲染，如图 5.30 所示。

图 5.30 "可渲染摄像机"属性

"图像大小"属性。根据渲染需求对该属性进行调整，如图 5.31 所示。

图 5.31 "图像大小"属性

"图像大小"属性中的保持比率包括"像素纵横比""设备纵横比"。"像素纵横比"表示每个像素的长宽比，"设备纵横比"表示最终呈现出来的长宽比。也就是显示器或投屏的像素数量多少的一个长宽比。

通常情况下，在进行高清渲染时，需要将"图像大小"属性中的"预设"值设为 HD1080 即可。如果有特殊要求，用户可根据自身需求来调整像素比和像素的数量。"像素纵横比"的数值默认是 1.0，表示一个正方形像素，目前一般输出视频都是正方形，所以如果没有特殊需求，不需要调整该值。"设备纵横比"的数值要根据最终播放视频的设备来调整。宽荧幕的电影屏幕与标清电影屏幕的要求是不一样的。

在以上参数均设置完毕后，该如何去渲染？如果只需要单帧渲染，则可以先执行渲染窗口中的"渲染"命令进行单帧渲染，然后单击"图像保存"按钮，直接保存单帧就可以了。

渲染序列帧。若需要渲染输出动画，则要切换渲染模块，依次选择"渲染"→"批渲染"命令，开始进行批渲染。在进行批渲染操作时，需要对使用处理器的数量进行设置，默认设置是"使用所有可用处理器"，即使用计算机上所有的处理器进行渲染。如果在渲染时需要使用该计算机进行其他工作，那么不需要勾选"使用所有可用处理器"复选框，并且在"要使用的处理器数"文本框中输入需要使用处理器的数值。例如，如果计算机是四核处理器，那么可在文本框内输入 2。在渲染时，空出两个处理器线程去处理其他的工作，如图 5.32 所示。

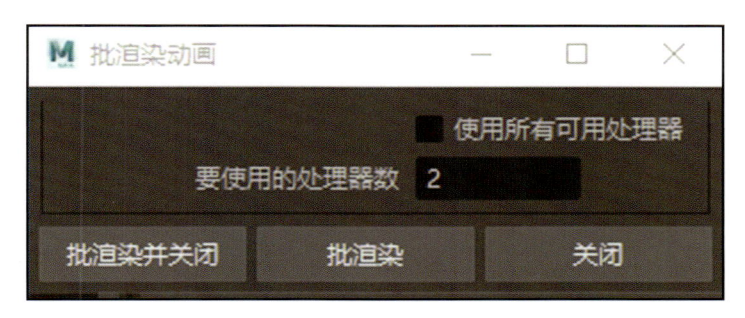

图 5.32　"要使用的处理器数"的设置

但是需要注意的是，在渲染前，依次选择"文件"→"项目设置"选项，查看相关设置是否保存到需要的路径中。

进行渲染设置时，更改文件名，就可以看到保存路径是否正确。最终渲染结果会保存到指定路径的 images 文件夹中。这步操作很重要，否则可能会无法找到渲染后的文件。

课后总结

再次强调，使用阿诺德渲染器与软件渲染器输出序列帧时，使用的命令是不同的。使用软件渲染器输出序列帧时，使用的是"批渲染"命令；使用阿诺德渲染器输出序列帧时，使用的是"渲染序列"命令。

请扫描右侧二维码查看渲染设置的内容。

5.5 灯光基础属性

本节主要介绍灯光基础属性的相关内容。

在 Maya 软件中有两种创建灯光的方法。第一种方法是在工具架的渲染模块下直接创建，各种灯光按钮如图 5.33 所示。

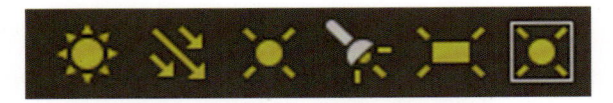

图 5.33　各种灯光按钮

第二种方法是，依次选择"创建"→"灯光"命令，如图 5.34 所示。

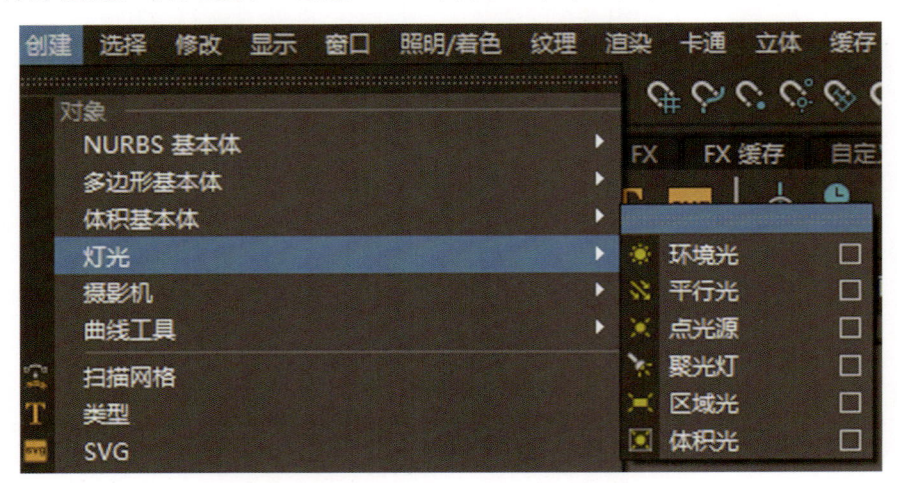

图 5.34　依次选择"创建"→"灯光"命令

弹出的"灯光"菜单中有六种基础灯光，分别是环境光、平行光、点光源、聚光灯、区域光和体积光。这些灯光既有自己的特殊属性，也有共同的基本属性。下面分别对这六种灯光进行介绍。

（1）环境光。单击"环境光"命令，弹出如图 5.35 所示的界面。环境光是点光源，不具备方向性。环境光用于全局照明和全局补光。

下面分别对图 5.35 中的环境光属性进行详细介绍。

① 颜色。若改变环境光颜色属性后，则渲染出来的整个场景的颜色都会发生变化，相当于一个彩色灯泡的效果。颜色的默认属性为白色，当某些场景需要暖色调或者冷色调时，可以通过颜色属性进行调整。

② 强度。可以将该属性理解为灯泡的瓦数。瓦数越小，灯泡越暗，反之瓦数越大，灯泡越亮。

③ 阴影。勾选"使用光线跟踪阴影"复选框，打开光线跟踪阴影这项功能。

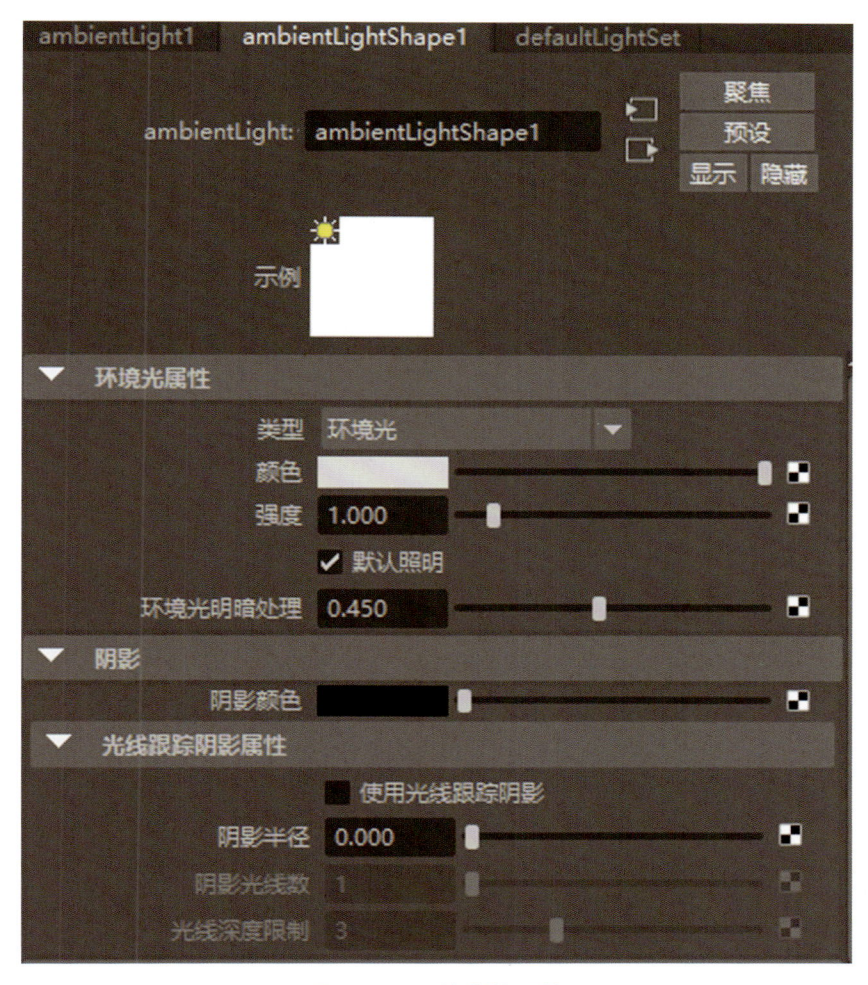

图 5.35 环境光的属性

如果使用软件渲染器进行渲染，则需要在"渲染"设置页面中勾选"光线跟踪效果"复选框，否则光线跟踪阴影是渲染不出来的。阴影的颜色与灯光的颜色相同，可以通过调整"颜色"属性来更改颜色，但是正常情况下是不需要调整颜色的。当需要一些特殊效果时，可以指定阴影颜色。

通常不会为环境光设置阴影，这是因为环境光用于全局补光。环境光有一个特殊属性，即环境光明暗处理。当环境光明暗处理的值为 1 时，是一个比较正常的明暗关系。如果将该值设置为最小，则不是一个正常的明暗处理，而是光线从模型表面穿过去。也就是说，不管模型在哪个位置、哪个方向，都会被这个灯光无差别地照亮，渲染出来的效果是一个平面。因为环境光具备这种穿透性，所以通常把它用在整体补光上。一般使用时，会把环境光的强度减小，这是因为环境光只作为补光，而不作为主光源使用。同时把环境光明暗处理的值调得相对小一些，如果该值较大，则没有穿透性，补光效果就会打一定的折扣。

通常把环境光放在与主光源相反的位置，进行一个背面的补光。因为自然环境中的物体除了受到主光源的影响，还会受到环境光的影响。也就是说，自然环境中的物体的背光面，不会是全黑，会受到环境光的影响，会有一定光照的效果。那么环境光作为补光是如何使用的呢？在使用软件渲染器时，如果在只有一个主光源的情况下进行渲染，那么渲染出来的效果为物体的背光面全是黑色。此时需要通过补光来模拟真实环境中的环境光影响效果。在使用环境光时，需要把强度值调小，明暗处理值也调小。再次进行渲染观察结果，在增加了补光后，整体的画面会变亮一些，最主要是背光面不是纯黑色。

（2）平行光。平行光是方向光。缩放平行光对平行光的角度和光照效果是没有任何影响的，只是对图标进行缩放，这样方便操作。

调整平行光角度有两种方法：一种方法是直接通过"旋转"属性调整平行光的角度；另一种方法是按"T"键，将"下层"属性打开，出现一个瞄准的坐标轴，这个坐标轴用于精确指定平行光照亮哪个位置。该坐标轴包括平行光的发射源与平行光的目标源，如图5.36所示。

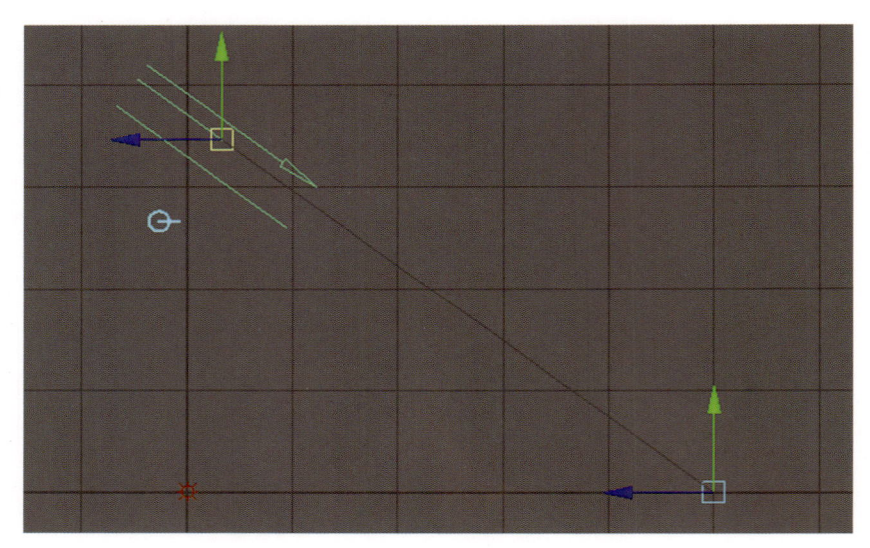

图5.36 平行光角度的调整

下面总结一下环境光与平行光的区别。平行光是方向光，而且是平行照射的，可以把它理解为太阳光从极其遥远的位置照射下来，所以平行光是没有透视效果的。另外，平行光与物体的距离变化不影响阴影效果。而环境光是点光源，具有透视效果，也就是说，光源与物体的距离不同，产生的阴影效果也是不一样的，并且阴影效果根据光源与物体的角度变化而变化。

（3）点光源。点光源具有透视效果。点光源的灯光特性是衰退，其"衰退速率"有四种模式，包括无衰退、线形、二次方、立方，如图5.37所示。衰退速率越快，衰减程度越强。点光源适合用于局部照明。例如，可用点光源制作火把或者制作室内一些比较暗的灯光。

图5.37 衰退速率

(4)聚光灯。聚光灯是方向光，可以通过按"T"键来调整照射角度。聚光灯除了具有基础属性，还具有衰减性。聚光灯的特殊属性在于圆锥体角度。该灯光比较适合作为方向性的锥光使用，如台灯、汽车远光灯、手电筒的灯光等。聚光灯最适合作为舞台上的追光使用。聚光灯属性如图 5.38 所示。

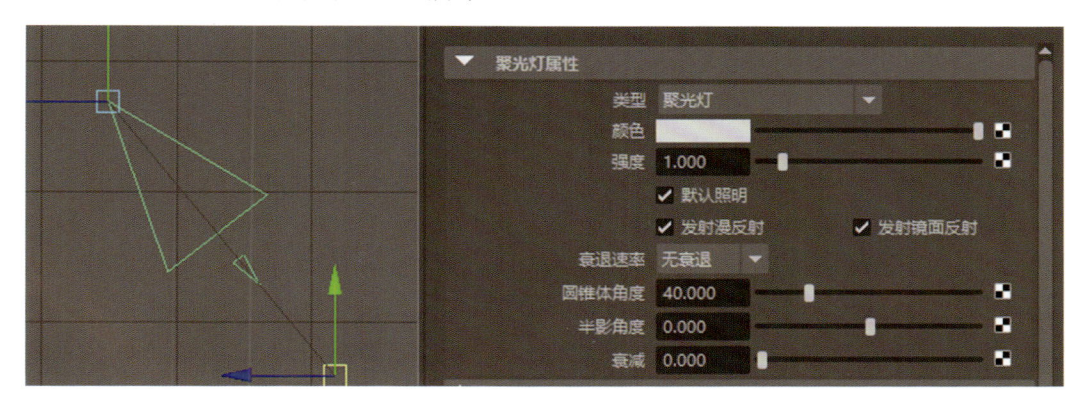

图 5.38　聚光灯属性

(5)区域光。区域光是片状光，具有方向性和衰退性，可以通过按"T"键来调整照射角度。区域光比较适合作为区域照明使用。区域光的效果与户外光从窗户照进室内或电视机显示器的光照效果类似。通过缩放可以调整区域光照射区域的大小。区域光属于漫散射光，故区域光阴影边缘比较模糊。

通过调整阴影属性中的"阴影光线数"来调整阴影的清晰度，如图 5.39 所示，该值越大阴影越清晰，但是同时会增加渲染时间。所以在测试效果时，可以先将该值设置的小一些，在输出最终效果时，再把该值调大调。

图 5.39　调整阴影光线数

(6)体积光。可以将体积光理解为点光源的加强版，具有更强的衰减性，体积光外面有一个球状的框，用于显示灯光范围，如图 5.40 所示。也就是说，无论怎么调整体积光的光照区域大小，只要超出这个球状框，是完全不被照亮的。所以体积光必须离物体很近，这样才能照亮附近范围内的物体，比较适合制作微小的点光源。如萤火虫尾部的光点、火堆上会飘起来一些火星、蜡烛火光等。

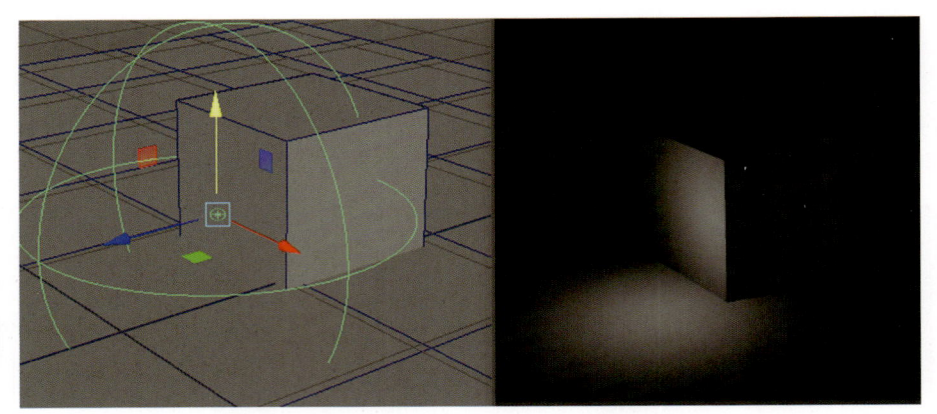

图 5.40　体积光

课程与课后练习

尝试对场景进行主光源设置和补光设置，学生作业如图 5.41 所示。

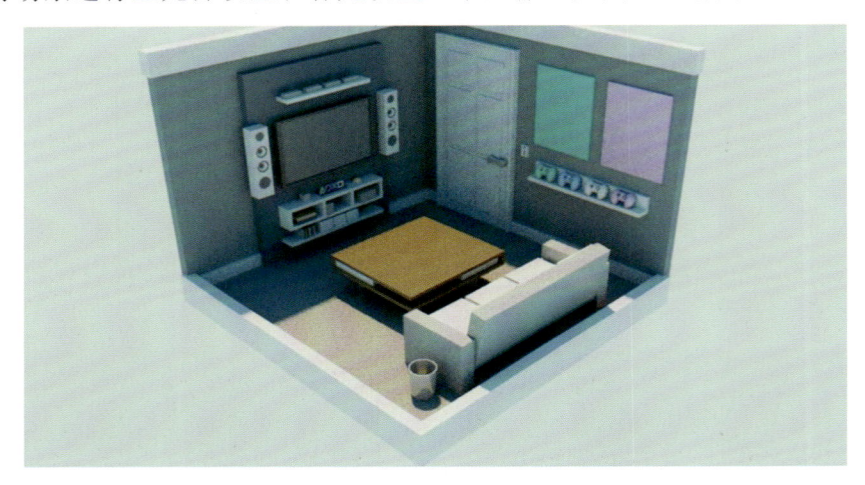

图 5.41　学生作业

请扫描右侧二维码查看灯光基础属性的内容。

5.6 灯光特效

本节主要介绍灯光特效的相关内容。

（1）辉光特效。Maya 的辉光特效效果并不是很好，看上去不是很真实。实际上很多后期软件都可以做得比 Maya 更好，所以很少在 Maya 中直接使用灯光的辉光特效。

（2）灯光雾特效。首先创建一个体积光，然后选择"灯光雾"属性，灯光雾特效就已经创建好了，此时观察效果，会有一个光球出现，右击可以断开连接，灯光雾特效就会消失。下面主要介绍聚光灯和环境光的灯光雾特效。

聚光灯的灯光雾特效很适合制作汽车的前照灯、探照灯之类的方向灯，在大雾天气中的效果如图 5.42 所示。

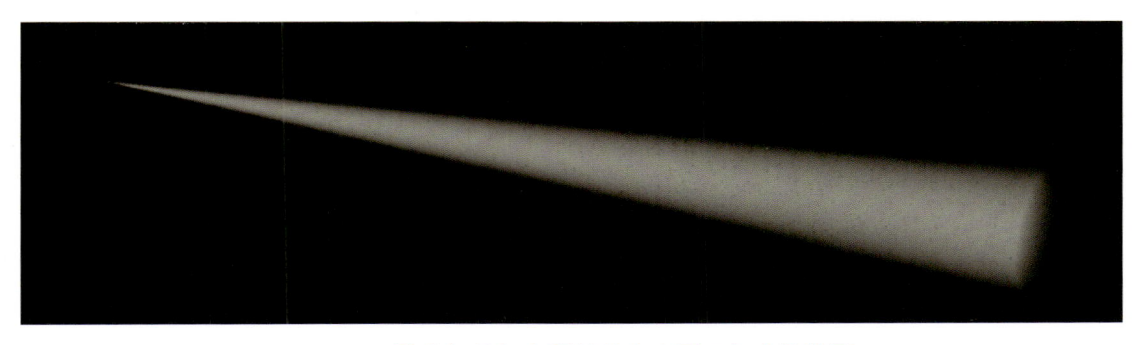

图 5.42 聚光灯的灯光雾特效在大雾天气中的效果

聚光灯还有一个自带的特效"衰退区域"。把"衰退区域"打开后，可以看到，一束灯光被分成三部分，如图 5.43 所示。

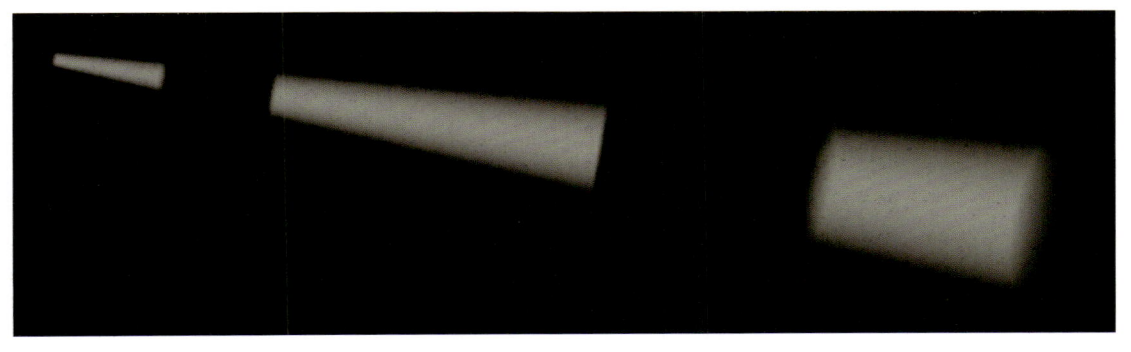

图 5.43 应用"衰退区域"的效果

环境光的灯光雾特效（也称环境雾特效）实际上不在其属性页面上，其灯光雾特效需要在渲染设置页面中进行设置，单击"渲染选项"下拉按钮，出现"环境雾"选项框，单击"环境雾"选项框按钮即可创建环境雾特效，如图 5.44 所示。

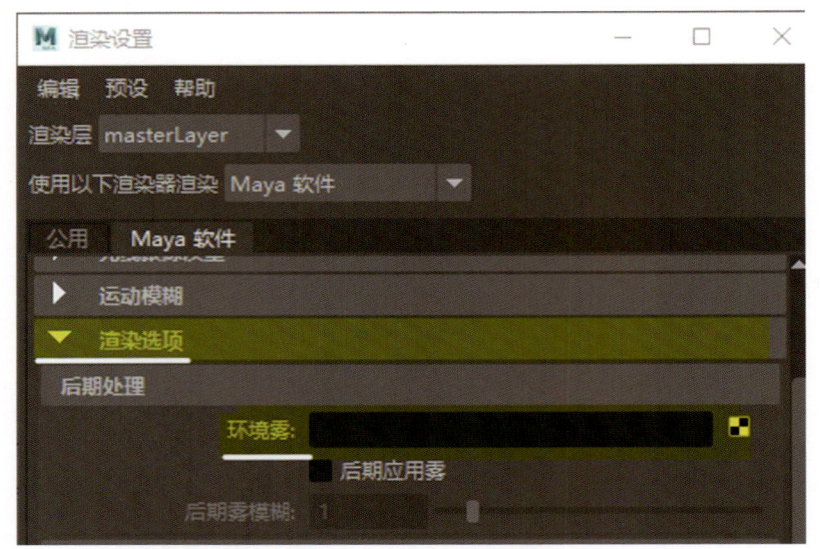

图 5.44　环境雾特效

　　然后观察应用环境雾后的效果,整个场景就像下了浓雾一样。环境雾特效可以配合灯光使用,如果在没有其他灯光的情况下,那么整个场景是被环境雾特效照亮的。这是软件渲染器自带的一种灯光特效,可以用于快速制造全局环境雾特效。

　　灯光雾特效的属性比较多,当将其设置为物理雾时,会有物理雾的属性,包括衰减、颜色、折射、透明度,还有反射空气、反射水的一些效果。

　　环境雾是基于环境光来制作的。因为环境雾属性的主节点是环境光属性的子节点,所以可以通过调整环境光去影响环境雾特效。可以通过环境雾中的"雾效"属性来调整环境雾的颜色,以及其他各种参数,如饱和度、距离等。

课后思考

　　丰富的画面效果离不开对灯光特效的利用,请读者尝试使用多种灯光特效组合来制作画面。

课程与课后练习

　　尝试在环境雾特效中增加噪波贴图,并观察效果。

　　请扫描右侧二维码查看灯光特效的内容。

5.7 软件渲染器与阿诺德渲染器的布光方法

本节主要讲解利用 Maya 软件布光的基本方法。

在 Maya 默认灯光下，对模型进行渲染，观察效果。Maya 有一个内置的灯光，一般在观察模型时使用。在正式渲染时，需要给场景一个正确的布光。

利用 Maya 软件进行布光时需要遵守一项基本原则，也可以说是一种约定俗成的方法，即由暗至亮。注意，不能直接先设计一个主光源，直接把全局照得很亮，然后再去加其他光。通常在利用软件渲染器进行渲染时，会给场景一个环境光，故整个场景处于一种比较暗，隐约能看到场景的效果。在这种情况下，再增加光源，这样的好处是：整个场景中不会出现纯黑的死角；在增加不同灯光时，可以随时观察效果。

以之前设计好的模型为例，先在增加一个主光源，再使用户外的平行光，调整灯光方向，让平行光从窗户照射进来，这样主光源的设定结构就已经制作好了，可以模拟昏暗环境下照进一束光的效果，如图 5.45 所示。

图 5.45　在昏暗环境下照进一束光的效果

设置好以上灯光效果后，再为其他物体补光。例如，使用区域光为计算机屏幕补光。

在进行渲染测试时，为了节省渲染时间，可以使用"渲染区域"命令来选择渲染区域，这样渲染速度会快一些。如果觉得物体亮度不够，包括从窗户照射进来的光不够，可以给窗户再进行补光，如图 5.46 所示。

图 5.46　给窗户进行补光

在使用软件渲染器进行渲染时，如果想渲染出来比较好的效果，则需要设计较多的灯光，因为这种渲染方式不会自动计算环境光。如果想要比较好的渲染效果，则可以尝试使用阿诺德渲染器，阿诺德渲染器支持环境光自动计算。每个发光的物体发射的都是光子，阿诺德渲染器通过计算这些光子的碰撞来计算灯光对环境的影响，进而计算出环境光的效果，故使用阿诺德渲染器的渲染效果会好一些，但是阿诺德渲染器对于默认灯光的支持并不是特别好。切换到阿诺德渲染器，进行渲染，并观察渲染效果。

当渲染室外场景，或者是渲染室外光线照射进来的场景时，可以直接设计一个环境球（见图 5.47）。

图 5.47　环境球

在工具架中，阿诺德渲染器模块下是对环境球的设置，单击"环境球"按钮，创建环境光效果，如图 5.48 所示。

使用阿诺德渲染器自带的区域光进行补光。因为阿诺德渲染器在计算灯光时，会计算衰减度，所以当场景比较大时，渲染出来的画面会比较暗。如果灯光强度不够，则可以增强阿诺德渲染器的灯光强度，如图 5.49 所示。

图 5.48　创建环境光效果

图 5.49　增强阿诺德渲染器的灯光强度

如果从窗户照射进来的光不是主光源，并且室内有主光源，则可以增加一个区域光，相当于一个吸顶灯。注意，要调整区域光的角度，以达到最好效果。

如果只渲染户外场景，则设计两束光即可，其中一束是环境光，另一束是阴影光。如果使用环境光制造阴影，则主光源只需要一束环境光就够了。

总之，软件渲染器的渲染效果会差一些，但是其渲染速度会比较快；阿诺德渲染器的渲染效果会好一些，但是渲染速度会比较慢。

课后总结

在制作项目前，就要确定渲染方式和渲染效果，这是常规做法。因为渲染测试会花费大量时间，所以需要读者首先确定自己想要的渲染效果。

课程与课后练习

对场景道具进行渲染测试，学生作品如图 5.50 所示。

图 5.50　学生作业

请扫描右侧二维码查看布光方法的内容。

5.8 摄像机的基本属性

本节主要介绍摄像机基础属性的相关内容。

首先介绍创建"摄像机"的相关内容。在菜单栏中，依次单击"创建"→"摄像机"命令，如图5.51所示。可以看到，弹出的"摄像机"菜单中共有五项，前三项比较常用，后两项是立体摄像机。立体摄像机的参数比较多，对应的设置方法也比较多，在这里不进行详细讲解，感兴趣的读者可以自行学习相关内容。

图 5.51 摄像机的创建

摄像机的基本属性包括视角、焦距、摄影机比例、近剪裁平面及远剪裁平面，如图5.52所示。

图 5.52 摄像机属性

其中，使用比较多的两个属性是"视角""焦距"。"视角""焦距"这两个属性是相互影响的。在调整焦距时，视角也会改变。焦距数值越大，透视效果越弱，焦距数值越小，透视效果越强。例如，制作鱼眼镜头，就需要将焦距调得小一点。正常焦距范围为 28～

78，一般将焦距设置为 45 左右，该值是比较接近人眼观察的焦距数值。

接下来介绍创建"摄像机和目标"的相关内容。单击"摄像机和目标"命令，创建完毕后，显示一个 camera2_group 组，该组内包含两个节点，如图 5.53 所示。其中一个节点是摄像机本身机位的节点，另一个节点是摄像机的瞄准节点。与"摄像机"相比，"摄像机和目标"多了一个控制节点，所以操作起来会更灵活、精准。

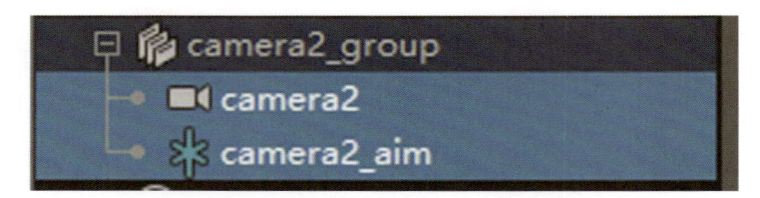

图 5.53　camera2_group 组

一般在渲染时，"摄像机""摄像机和目标"用得比较多。

然后介绍创建"摄像机、目标和上方向"的相关内容。单击"摄像机、目标和上方向"命令，创建完毕后，只有一个 group 节点，group 节点中有三个属性。包括摄像机本身的属性、瞄准属性和 up 属性，可以通过这些属性来方便地制作摇摆镜头。

另外，介绍一下使用摄像机渲染的一些方法。以最基本的摄像机渲染为例进行讲解，在使用摄像机渲染时，切换到当前摄像机的角度去观察场景。在操作视图菜单栏中，依次选择"面板"→"沿选定对象"命令，将该视图切换到选中的摄像机或灯光角度。

小技巧：一般在利用摄像机选择渲染角度时，需要先将镜头角度确定好。为了防止渲染角度因为误操作而发生变化，所以在确定好渲染角度后，最稳妥的方法是依次单击"通道盒"→"属性"选项，再右击"锁定选定项"命令，如图 5.54 所示。这时，渲染角度就无法改变了。

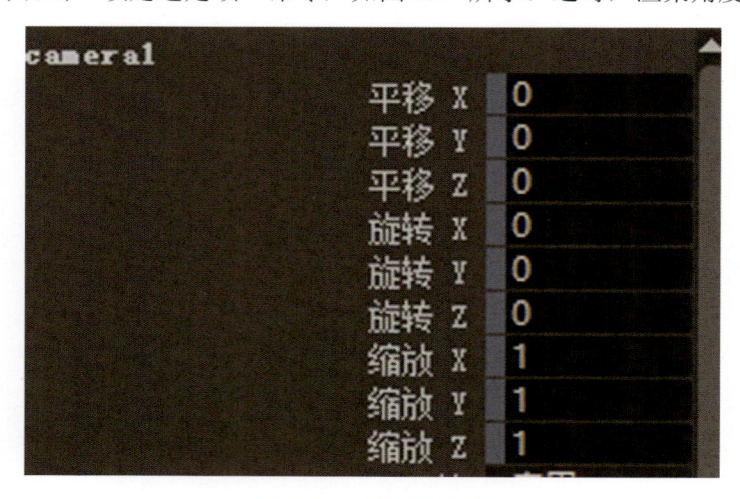

图 5.54　锁定选定项

摄像机视图显示设置。打开操作窗口，依次单击"视图"→"摄像机设置"选项，如图 5.55 所示。其中一些选项是比较常用的。

第 5 章　材质、灯光与渲染

图 5.55　"摄像机设置"选项

"分辨率门"单选按钮。相当于一个安全框，用于设定渲染的有效范围，安全框以外的部分是不会被渲染的。

"安全动作"复选框。在设计动画时，动画角色的运动范围尽量不要超出动作安全框，超出这个范围后，可能会出现显示问题。相当于印刷图书时，要设置一定的出血。"安全动作"设置就相当于出血设置。

课程与课后练习

根据剧本分镜的设定，为项目设置合适的摄像机，并完成场景布光及渲染测试。学生作业如图 5.56 所示。

图 5.56　学生作业

请扫描右侧二维码查看摄像机基本属性及锁定的内容。

第 6 章 基 础 进 阶

本章导读

利用前面讲解的基础知识已经可以制作大部分模型与效果了。本章内容是为了提高制作效率与效果。随着读者逐渐掌握软件的操作，会养成自己的操作习惯，这些习惯都是在熟练掌握基础操作过程中而逐渐养成的。

主要内容

- 渲染节点控制
- 摄像机动画
- 简单特效
- 卡通材质
- 序列帧动画

本章重点

- 影响渲染的节点
- 镜头动画的制作
- 问题解决思路

思考

- 你对插件了解多少？你能概括出插件与基础命令的关系吗？
- 你设计的场景是否出现崩溃情况呢？你知道自己非法操作是在什么情况下进行的吗？

第 6 章 基础进阶

本章讲解内容为 Maya 操作的基础进阶，可以加深读者对 Maya 的掌握，并帮助读者提高制作效率。

6.1 模型的渲染属性

本节主要讲解模型的渲染属性等相关内容。

影响渲染效果的因素既包括灯光、摄像机、材质，还包括模型本身的某些节点。例如，在渲染时，有时会因为视角等因素，产生不需要的遮挡。解决该问题的方法有两种：第一种是隐藏遮挡物，但是这种方法存在一个弊端，即把该物体隐藏后，其所产生的阴影等信息也无法渲染出来，所以渲染出的效果会有所偏差。如果想保持原来光线的效果，就需要使用第二种方法，即通过模型本身的渲染属性节点来解决该问题。

下面看一个实例，打开之前制作的场景模型，即一个封闭的房间，窗户有一点光透进来。当墙面遮挡镜头时，就可以使用第二种方法来解决。

选中遮挡墙，查看其属性编辑器，找到"shape"节点，选择"渲染统计信息"选项，这些选项对应的是软件渲染器，如图 6.1 所示。

还有另外一种渲染属性节点——阿诺德渲染器，如果在"渲染统计信息"属性节点中不支持某些功能，可以选择阿诺德渲染器，如图 6.2 所示。

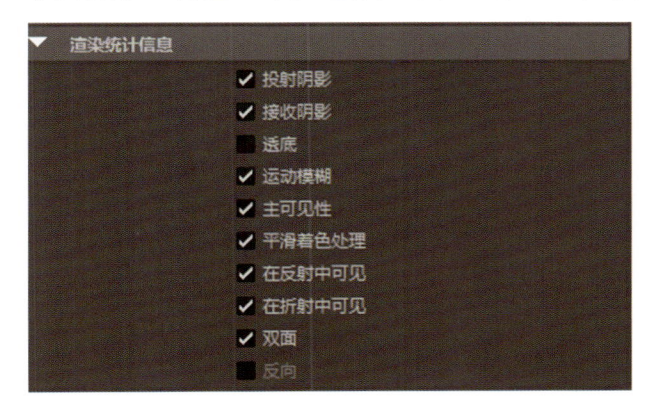

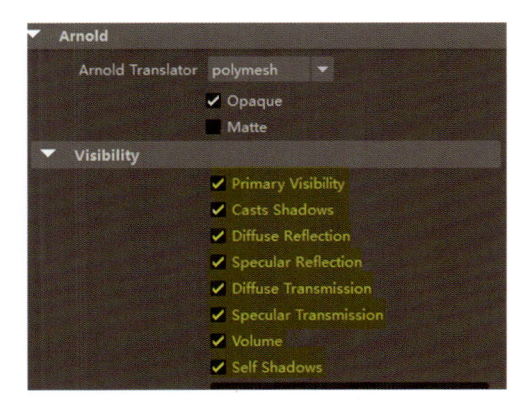

图 6.1 "渲染统计信息"选项　　图 6.2 阿诺德渲染器的属性

在这种情况下，不勾选"主可见性"复选框，该遮挡墙就不会被渲染出来，但是由该遮挡墙产生的其他效果都会被渲染出来，如阴影、折射、对场景有影响的效果都会被渲染出来，不会影响最终渲染效果。

课程与课后练习

继续完善场景渲染的相关内容。

请扫描右侧二维码查看模型的渲染属性节点的内容。

6.2　景深测量工具及表达式

本节主要介绍景深效果的渲染。在拍摄作品时，一般会使用景深做一些效果，景深效果是焦点的位置比较清晰，远离焦点的位置比较模糊。

渲染景深的其中一种方法为：先设置"渲染"的 z 通道的数据，然后再用后期软件对景深进行处理，但是使用 z 通道的数据，后期处理的景深效果并不是很好，会有一些问题。所以，通常一般的方法是对景深直接进行渲染，虽然该方法的渲染时长会增加，但是渲染效果较好。下面具体介绍在 Maya 中渲染景深的方法。

首先，选中要渲染景深效果的摄像机，单击"景深"下拉按钮，在下拉菜单中勾选"景深"复选框，如图 6.3 所示，此时可以看到的效果是画面已经模糊。"景深"具有"聚焦距离""F 制光圈""聚焦区域比例"共三个属性。

图 6.3　"景深"设置

"聚焦距离"用于设置物体与镜头的距离。"F 制光圈""聚焦区域比例"用于调整焦点旁边渲染出来的模糊度。

打开菜单栏，依次勾选"显示"→"题头显示"→"对象详细信息"复选框，如图 6.4 所示，然后选中作为焦点的物体，例如，若焦点在椅子背上，则选中椅子背可以看到与摄像机的距离数值。再选中摄像机，把景深改为该距离数值。

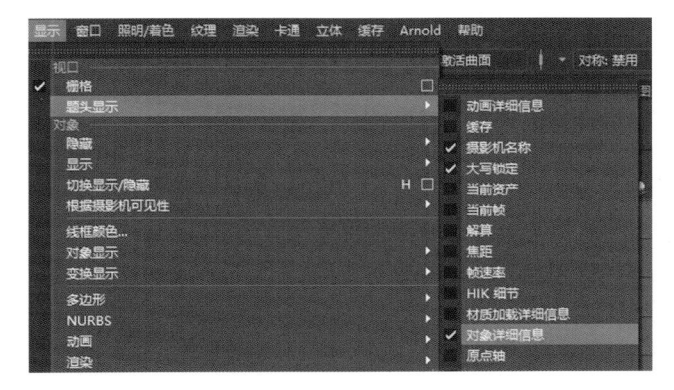

图 6.4 单击"显示"→"题头显示"→"对象详细信息"

此时可以看到，景深属性对应的是软件渲染器渲染的效果。有时，当使用阿诺德渲染器进行渲染时，景深效果是渲染不出来的。在这种情况下，可以在摄像机阿诺德属性下面，勾选"Enable DOF"复选框。下面有两个属性，其中"Focus Distance"是聚焦距离，"Aperture Size"是模糊度，如图 6.5 所示。

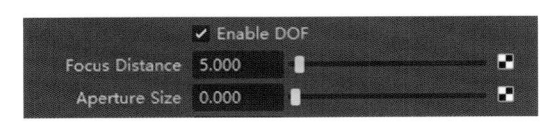

图 6.5 摄像机的阿诺德属性

此时再进行渲染，可以很明显渲染出一个景深效果，如图 6.6 所示。椅子背是比较清晰的，离它越远，模糊程度就会越高。通常若想达到一个比较自然的效果，最好是加一点景深效果，整个镜头看起来会更自然。模糊度不需要特别高，除非需要比较明显的聚焦效果。模糊度的值越小，渲染速度也就会相对越快。

图 6.6 景深效果

以上方法适用于渲染静帧或者静止镜头。如果是移动镜头，聚焦距离会发生变化，那么该如何渲染景深呢？此时需要引入一种测量工具。

打开菜单栏，依次单击"创建"→"测量工具"→"距离工具"命令，如图6.7所示。测量工具有三种，分别是距离工具、参数工具、弧长工具，这里使用距离工具。

图 6.7 "距离工具"命令

"距离工具"创建完后，可以看到创建后的大纲视图中多了三个节点，分别为 locator1、locator2 和 distanceDimension1（见图6.8）。两个 locator 就是两个虚拟物体，在拖动这两个虚拟物体时，可以看到中间数值发生了变化，即两个 locator 就是测量工具的两端，它很像一把尺子，变长或变短，它的数值也会随着变化。

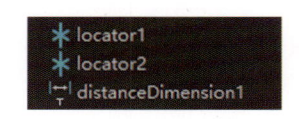

图 6.8 测量工具的节点

那么如何将测量工具应用到渲染景深呢？按下"V"键，将其中一个 locator 定位到椅子背位置，捕捉到点，这个 locator 就会吸附到椅子背上。另外一个 locator 吸附到摄像机上。预期达到的效果是，在移动摄像机时，测量工具会实时测量椅子背与摄像机之间的距离。也就是说，locator 会始终跟随摄像机。这里要用到一个父子关系，父子关系怎么做？

在大纲视图中，用鼠标中键按住 locator（摄像机对应的虚拟测量点），把它拖动到 cam 节点后松手，这样就建立了一个父子关系。看一下节点关系，摄像机是"父"，其下面 locator 是"子"，这样摄像机就可以控制 locator 节点了。移动摄像机，可以看到测量工具的数值会发生变化。也就是说，现在不管向哪个方向移动，摄像机与对象之间的距离始终是可以测量出来的。

现在第一步完成了，测量工具已经锁定到摄像机上了。如果目标物体也在移动，则可以把另一个 locator 放到椅子节点下面，与椅子形成父子关系。

测量工具测出来的数值是摄像机的聚焦距离。怎样使两个属性互相产生影响呢？有一个比较简单的方法：打开菜单栏，依次单击"窗口"→"常规编辑器"→"连接编辑器"命令。找到测量工具节点，并将其加载到左侧，然后把摄像机节点加载到右侧。选择测量工具的距离属性，控制摄像机的聚焦距离。但是这样会有一个问题，即属性比较多，找起来会比较麻烦。这时可以通过写一个表达式来解决。表达式需要两个参数，用"测量工具"的"距离工具"属性来控制 cam 的"聚焦距离"属性。

右击摄像机"聚焦距离"属性，选择"创建新表达式"选项。先新建一个 TXT 文档，再把相关属性复制到这个文档中，将属性记录下来。

然后再找到测量工具的距离节点，因为该节点的名称是中文名称，所以无法通过右击的方式直接创建，这也正是 Maya 中文版的一个缺点。即当需要某些下层操作时，如写脚本，就需要先把脚本翻译成英文，这样会比较麻烦。当复制属性时，要保留节点名称，节点的后缀名为".distance"。

下面以"摄像机的聚焦距离 = 测量工具测出来的数值"为例，讲解表达式的创建方法。这是一个很简单的脚本，即 a=b。可以用如下表达式表示。

cameraShape1.aiFocusDistance=distanceDimensionShape1.distance

打开表达式的创建窗口，输入表达式，单击"创建"按钮，如图 6.9 所示。

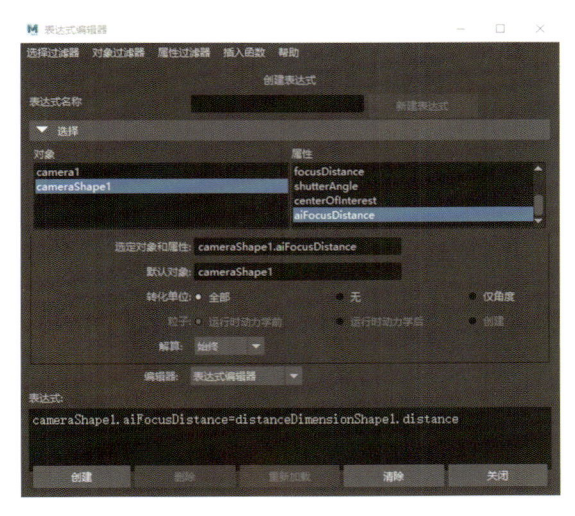

图 6.9　创建表达式

如果不出现红色警示，则表明表达式创建成功；如果出现红色警示，则表明表达式没有创建成功，此时需要检查是否是输入过程出现问题。例如，英文字母大小写输入错误，或者使用了中文输入法输入。表达式创建完毕后，在移动摄像机时，其聚焦距离随着它的移动而改变。当测量距离是 2 时，摄像机的聚焦距离也是 2；当测量距离变为 5 时，摄像机的聚焦距离也是 5。

最后渲染测试效果，如图 6.10 所示。

图 6.10　渲染测试效果

课后思考

在场景中应用景深效果，可以有效提升画面质量，请读者尝试渲染测试景深效果。Maya 中的很多节点是无法直接设置的，必须通过表达式来控制。而且表达式可以把一些烦琐的操作简单化，表达式的基础写法很简单，有兴趣的读者可以自行查看相关教材。

课程与课后练习

继续完善场景渲染测试。

请扫描右侧二维码查看景深制作与表达式的写法。

6.3 路径动画与动画曲线编辑器

本节主要讲解路径动画和动画曲线编辑器等相关内容。

路径动画是指让某个物体在绘制的路径上进行移动的动画效果。下面介绍创建路径动画的基本步骤。首先创建一个模型，其次用曲线绘制一条路径，再依次选择模型、路径，然后打开菜单栏，选择动画模块，依次单击"约束"→"运动路径"→"连接到运动路径"复选框，再单击"应用"按钮，如图 6.11 所示。此时路径动画就制作完成了。可以拖动时间轴来查看路径动画的效果。如果播放的速度比较快，或者有其他问题，可以检查动画首选项。查看是否将时间滑块的帧速率设置为 24 帧。根据 Maya 版本的不同，有些版本还需要调整播放速度，还有一些版本帧速率和播放速度两个属性是合在一起的。

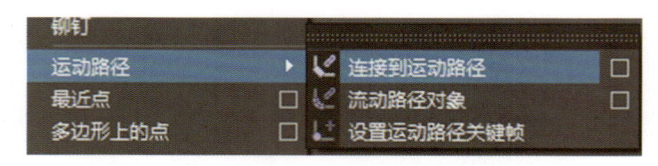

图 6.11 创建路径动画

选中物体或者路径，可以看到 motionPath1 节点属性栏，如图 6.12 所示。

下面对"跟随"属性进行介绍。"跟随"复选框在默认情况下是勾选上的。若取消对"跟随"复选框的勾选，则物体只会随着路径运动，不会随着路径的变化而改变自己的方向。若勾选"跟随"复选框，则物体在沿路径运动时，会根据路径的方向调整自身方向。

首先打开菜单栏，再依次单击"窗口"→"动画编辑器"→"曲线图编辑器"命令，如图6.13所示。

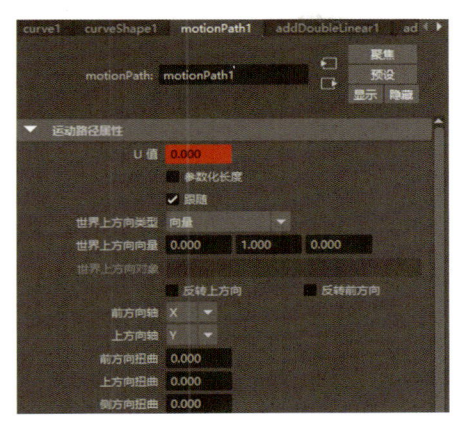

图6.12 motionPath1节点属性栏

图6.13 "曲线图编辑器"命令

路径动画有两个关键帧，即起始关键帧和结束关键帧。选中起始关键帧，观察"统计信息"，前面数字是1，后面数字是0，前面的统计信息表示时间，也就是帧数，后面的统计信息表示属性，如图6.14所示。

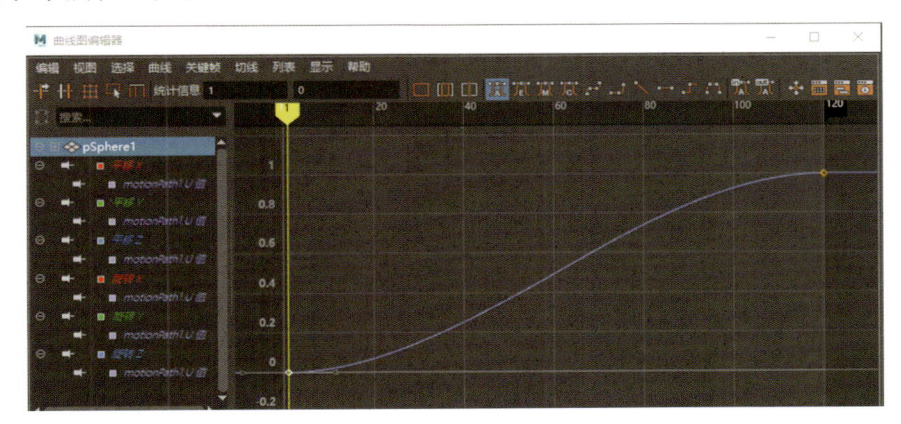

图6.14 动画曲线

然后再选择结束帧，其帧数为120帧，属性变为1，即在第1帧时，其属性是0，在第120帧时，其属性是1。可以理解为，0到1意味着进度条从0到100%。

如果想让路径动画的播放速度变快，如在60帧之内完成播放，选中结束关键帧，在"统计信息"处，把结束帧的时间属性由120帧改成61帧。如果想让路径动画的播放速度变慢，可以把这个值调大一些。

同样的道理，也可以通过调整"统计信息"来设置其他效果。例如，当前从第1帧开始播放，到第41帧结束，那么若想从41帧才开始播放，然后到第81帧结束，该怎么办？将初始帧的时间属性改为41帧，结束帧的时间属性改为81帧即可。

动画的曲线编辑器是调整动画效果经常使用的一个工具，感兴趣的读者可以参考相关教材详细了解相关内容。

课后思考

最早的群集动画就是使用路径动画制作的，读者可以尝试自行制作，例如，实现很多人偶同时跑出来的效果。

课程与课后练习

继续完善场景及渲染测试。

请扫描右侧二维码查看制作路径动画的方法。

6.4　摄像机路径动画

本节主要介绍摄像机路径动画的相关内容。

创建摄像机路径动画的步骤如下。打开菜单栏，依次单击"创建"→"摄像机"→"摄像机"命令，这里使用的是最基本的摄像机。选择摄像机后，再选择路径，切换到动画模块，打开菜单栏，依次单击"约束"→"运动路径"→"连接到运动路径"命令。摄像机路径动画已经完成，在顶视图拖动时间轴，可以看到摄像机已经随着路径运动。

将用户视图切换到摄像机镜头，查看摄像机的运动效果。可以看到，摄像机的方向错误。在属性编辑器中找到"motionpath"节点属性栏，通过调整"向量"来调整轴向，如图 6.15 所示。在拖动时间轴进行观察时，如果摄像机发生了抖动，则说明该坐标轴不适用，继续测试坐标轴以使摄像机达到最好的拍摄效果。

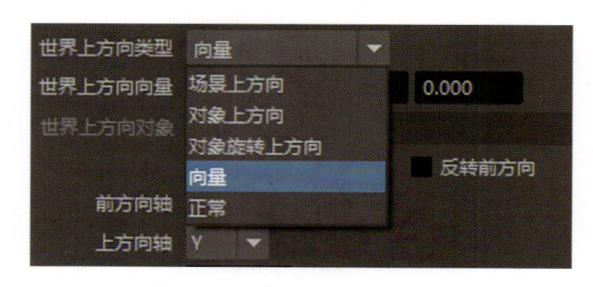

图 6.15　选择"向量"命令

播放动画查看效果，经过调整，摄像机路径动画可以模拟车辆穿梭。

课后思考

摄像机路径动画是设计场景动画必不可少的技术手段，结合动画曲线编辑器，可以设计很多摄像机动画效果，请读者多练习、多测试。

课程与课后练习

继续完善场景及渲染测试。

请扫描右侧二维码查看摄像机路径动画的制作。

6.5 主观镜头动画

本节主要介绍一种比较复杂的摄像机路径动画。例如，可以模拟猫捉老鼠之类的主观镜头效果。

首先，制作球的路径动画，再制作一个摄像机，要达到的效果是，球在路径上运动的同时，不能让它从视线中消失。

下面制作摄像机路径动画。打开菜单栏，依次单击"创建"→"摄像机"→"摄像机和目标"命令。查看摄像机的节点，该节点是一个 camera 的 group，即摄像机组节点。group 节点下面有两个节点，一个是摄像机节点，另一个是瞄准节点，摄像机的方向是由瞄准节点控制的。

group 整体节点。在移动时，摄像机机位和瞄准节点同时移动。瞄准节点可以控制摄像机的旋转，摄像机的机位可以控制摄像机的位置。

摄像机节点的旋转属性是蓝色的，如图 6.16 所示。瞄准节点已经控制了摄像机的旋转属性。如果用摄像机节点直接制作路径动画，就会出问题，因为摄像机的旋转属性已经被控制了，如果该属性再被路径动画控制，就会发生冲突。

在大纲视图中，选中摄像机的 group 节点，然后选中运动路径，创建路径动画。拖动时间轴，摄像机现在已经随着路径在动，但是角度是错误的。

打开大纲视图，在摄像机的瞄准节点上，按住鼠标中键，将瞄准点拖到球的节点上，松手，单击节点，观察属性。

实际上，为瞄准节点和这个球建立了一个父子关系，球是父，瞄准节点是子。这样球在运动时，瞄准节点就会跟着球一起运动了，如图 6.17 所示。

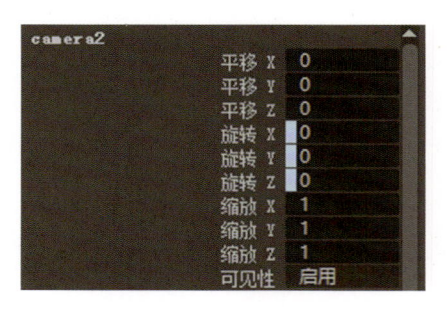

图 6.16　摄像机节点的旋转属性　　　　　图 6.17　瞄准节点与球的父子关系

播放查看效果，随着路径动画的运动，摄像机运动的同时，它的瞄准节点一直在球上，也就是它的主观视角一直在盯着这个球看。

通过这一节的学习，熟悉使用大纲视图，很多节点是需要在大纲视图中选择并使用的。

课后思考

Maya 的基础内容到这已经告一段落了，可以利用已学的知识去设计一个场景动画，或者如果读者有能力制作二维动画，则可以使用二维的角色制作动画，并使用三维的场景渲染。

课程与课后练习

布设摄像机，完成渲染测试。

请扫描右侧二维码查看摄像机瞄准动画的制作方法。

6.6　曲面建模

本节主要介绍 Maya 的曲面建模功能。目前在动画中使用曲面建模比较少，因为多边形可以实现或者接近模拟曲面建模的形式。

本节主要介绍两种比较简单的曲面建模方法，这些方法可以补充多边形建模，有些物体用多边形建模做起来会比较麻烦，用曲面建模则会比较简单。

下面主要讲解曲面建模的步骤，首先切换到顶视图，再绘制两条曲线。曲面模型必须得有两条以上曲线才能完成建模。

两条曲线绘制完成后，增大这两条曲线的距离，曲面将会在这两条曲线之间产生。打开菜单栏，依次单击"曲面"→"放样"命令，使用"放样"默认值直接单击"应用"按钮，如图 6.18 所示。

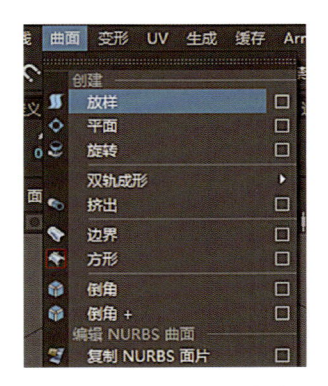

图 6.18 "放样"命令

渲染后观察效果，可以看到，生成了一个类似窗帘的模型，如图 6.19 所示。

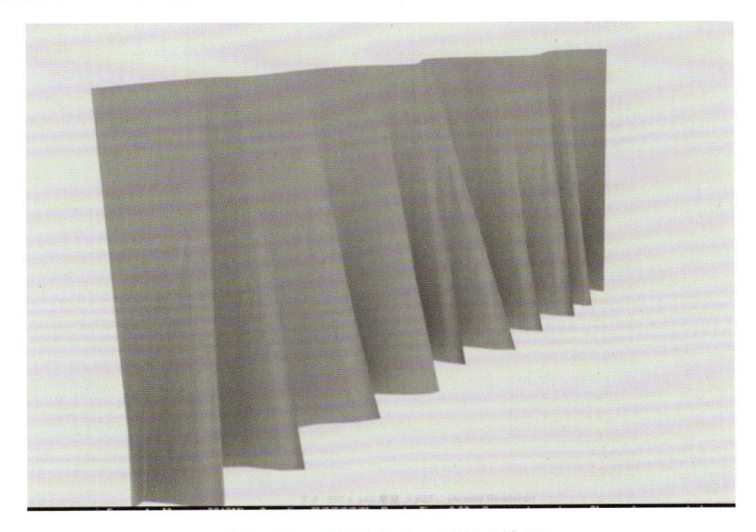

图 6.19 类似窗帘的模型效果

这种模型如果用多边形建模去挤压，会比较麻烦。用曲面建模很简单，对两条曲线直接使用"放样"命令就能制作出来。

调整曲面建模的操作方法包括：可以通过放样命令来调整模型，还可以通过调整控制顶点的方法来调整模型。例如，可以制作窗帘拉开一半的效果。目前窗帘一旦变形，就会出现转折明显的问题。出现转折的原因是布线数量不够，如图 6.20 所示。

进入对象模式进行观察，有转折情况出现的原因是垂直方向的布线数量不够，右键选择"等参线"命令，然后单击上部的蓝线并拖动到需要的位置。然后在菜单栏，打开"曲面"菜单，下拉执行"插入等参线"命令，增加布线数量，如图 6.21 所示。

93

图 6.20 转折明显的窗帘效果　　　　　图 6.21 增加布线后的窗帘效果

小技巧：按"G"键可以重复执行上一步执行过的命令。也就是说，按"G"键与选择"插入等参线"命令有相同的效果，都可以增加布线数量。

对于曲面模型，选中其控制顶点，可以看到选中一个点，周围的模型表面都会被控制定点影响，这是曲面建模的特点。所以曲线建模比较适合制作柔软的、有弧度的物体。

前面讲过的多边形的"软选择""细分代理"等命令，同样也可以达到类似的效果，所以现在大部分建模，都是使用多边形建模来完成的，因为多边形建模可以达到或者接近曲面建模的效果，同时多边形建模又能单独控制顶点。多边形建模还在制做 UV、制做材质、渲染等方面具有很好的表现。曲面建模一般用于制作工业产品，要求弧度流线比较流畅的情况。

再来看曲面建模的另外一种使用方法。创建曲线的圆形，增大分段数，增加控制点，控制点越多则控制越精确。先复制一条曲线，然后调整顶点，并调整形状。同样地，要移动曲线的位置，保证有足够的距离产生曲面。这时选择两条曲线，执行"放样"命令，即可得到餐桌桌布的模型。

小技巧：在选择曲线时，总会误选到曲面上，其中一种方法是在大纲视图中进行选择；另外一种方法是框选，框选时把曲线与曲面同时选中，先按住"Ctrl"键，再选择桌面、桌布，可以删除不需要的选择。按住"Shift"键可以增加选项，按住"Ctrl"键可以减少选项。

桌布做好了，下面要确定桌面位置。选中桌面曲线的圆，在曲面菜单中执行"平面"命令。完成一个带桌布的餐桌形状，如图 6.22 所示。

如果想制作得更精致，则可以继续执行一些操作，可以先把桌面位置的曲线复制一份，再执行"放样"命令，然后选择最上面曲线给它做一个曲面平面，这样餐桌厚度效果就制作出来了，如图 6.23 所示。其实这几步命令与多边形操作里面的"挤出"命令类似，实际上达到的效果是一样的。

图 6.22　带桌布的餐桌形状　　　　　　　图 6.23　制作出桌子厚度的效果

完成曲面建模后，模型边缘会有一些缝隙，这是因为模型是由多个面拼接起来的，并不是一个整体。产生缝隙的原因是布线数量不够，可以通过增加等参线的方法来增加节点。

下面讲解将曲面建模转化为多边形建模的方法。

以窗帘为例，打开菜单栏，依次单击"修改"→"转化"→"将 NURBS 转化为多边形选项"命令，弹出"将 NURBS 转化为多边形选项"界面，如图 6.24 所示。

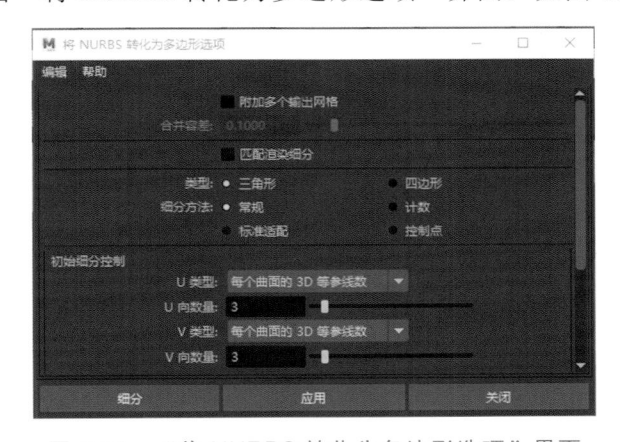

图 6.24　"将 NURBS 转化为多边形选项"界面

通过调整 UV 数量可以得到不同精度的多边形模型，如图 6.25 所示。

图 6.25　不同精度的多边形模型

将曲面模型转化为多边形模型后，如果原来的曲面模型有用，就将其导出，后面可以继续使用。如果原来的曲面模型无用，那么可以将这些曲面模型删除，以节省内存空间。

首先打开菜单栏，依次单击"文件"→"导出当前选择"命令，使用"导出当前选择"命令的默认属性即可，导出文件，并为其命名。然后新建一个场景，导入刚才导出的文件，同时可以将场景导入。"导出"命令的功能是，可以将场景中的模型单独导出。"导入"命令的功能是，可以将不同场景或者不同模型，导入到同一个场景中。

在制作物体时，可以分开制作家具、道具等，全部制作完成后，再将这些物体导入到同一个场景中并进行整合。

课程与课后练习

继续完善场景及渲染测试，部分学生作业如图 6.26 和图 6.27 所示。

图 6.26　部分学生作业 1

图 6.27　部分学生作业 2

请扫描右侧二维码查看曲面建模的内容。

6.7 在模型上绘制贴图

本节主要介绍 Maya 中一个比较有用的工具，即在模型上绘制贴图的画笔工具，该工具可以把一些比较简单的贴图画出来。

首先创建一个模型，打开菜单栏，依次单击"纹理"→"3D 绘制工具"命令，如图 6.28 所示。执行"3D 绘制工具"命令，显示画笔无法执行该命令，如图 6.29 所示。此时，警告栏提示"当前的曲面没有指定纹理贴图"，也就是在绘制之前，必须先要为模型设置材质。

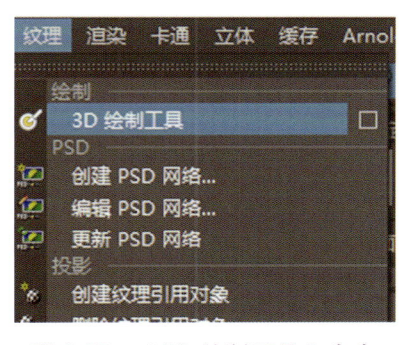

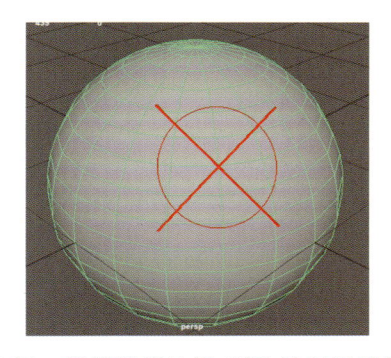

图 6.28 "3D 绘制工具"命令　　图 6.29 画笔不能执行"3D 绘制工具"命令

创建一个材质，将材质赋予模型，再执行"3D 绘制工具"命令。如果提示"没有指定纹理贴图"，则需要为模型增加一个贴图。在"工具设置"界面中，单击"文件纹理"下拉按钮，选择"指定/编辑纹理"命令，如图 6.30 所示。

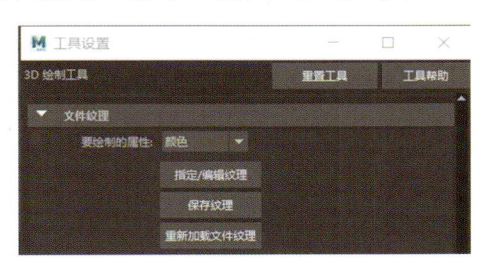

图 6.30 "工具设置"界面

首先设置贴图的大小和格式，如图 6.31 所示。贴图的默认格式是 iff 格式，如图 6.32 所示。

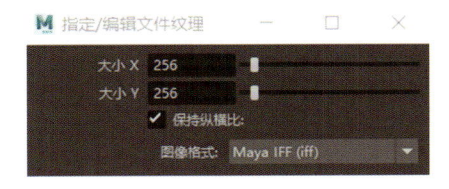

图 6.31 设定贴图大小和格式

97

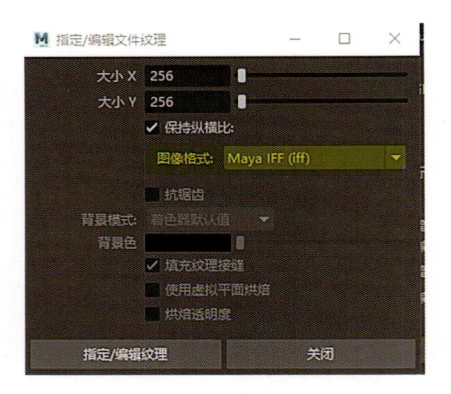

图 6.32　iff 格式

注意，大部分软件不识别这个默认格式（iff 格式），所以要将贴图格式设置为大部分软件都能识别的格式。

调整画笔大小的方法有两种：一种是通过快捷键进行调整，按住"B"键不松手，拖动鼠标，调整画笔大小；另外一种方法是在工具菜单中通过调整半径来调整画笔大小。下面来看一下常用的调整属性，如图 6.33 所示。

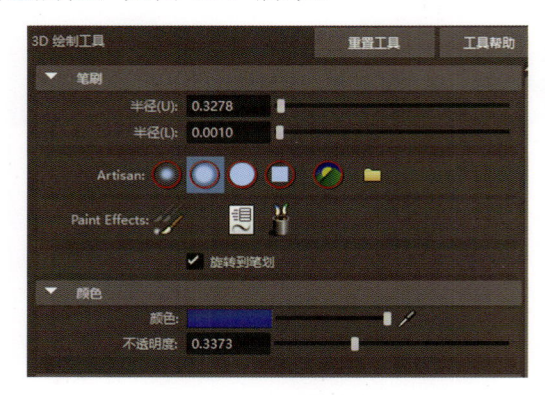

图 6.33　调整半径

Artisan：用于设置画笔的形状，如果读者有 Photoshop 的使用经验，那么该属性看起来会比较眼熟。这里各种画笔都有，也可以指定画笔。Maya 本身有内置的一些画笔，可以绘制一些肌理效果。

颜色：用于设置画笔的颜色。

不透明度：用于设置覆盖强度。

贴图绘制完成后，单击"保存文理"按钮进行保存，此时会提示没有保存场景。若先将场景存盘，再保存纹理，此时显示已经保存成功。注意，脚本编辑器会提示存盘的路径。在 sourceimages 文件夹中，新创建了一个 3Dpainter 文件夹，这个文件夹是在执行绘制命令保存时创建的。所以前面内容已经讲过，如果需要对文件进行备份，则需复制整个工程文件，否则可能会导致复制不全等问题。

贴图绘制完后，可以通过一些绘图软件，再进行进一步的调整。

课后总结

贴图绘制工具的功能与 Photoshop 笔刷的功能很相似。通常在掌握一款大型软件后，会帮助我们学习与掌握其他软件。因为大部分软件解决问题的思路是相通的。

课程与课后练习

进行贴图绘制调整，部分学生作业如图 6.34 所示。

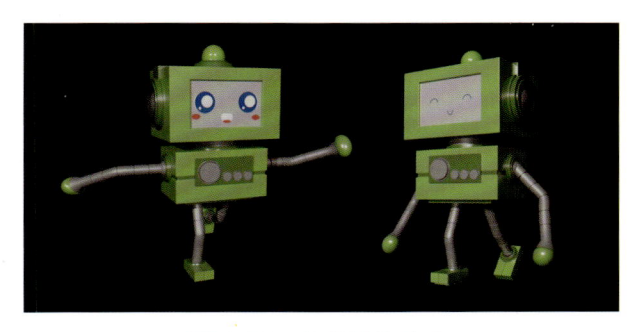

图 6.34　部分学生作业

请扫描右侧二维码查看在模型上绘制贴图的内容。

6.8　特效笔刷

本节主要讲解 Maya 的笔刷工具及其一些比较简单的特效用法。笔刷的特效功能比较多，用起来也比较复杂。这里介绍几个比较简单的特效，可以用来制作素材或者贴图，但是这些简单特效的效果很难达到影视级别，只能用来作为一个辅助手段。

将模块切换到 FX，单击菜单栏，打开"效果"菜单。

图 6.35　打开"效果"菜单

读者可以自行尝试使用图 6.35 中的这几个效果，并观察结果。但是其中有些效果由于软件版本问题，或者显卡问题，可能创建不出来，或者是创建出来的效果有问题。

下面对火和闪电的特效进行详细讲解。

以火特效为例，首先创建一个模型作为发射源，选中模型后，执行"火"特效命令，如图 6.36 所示。

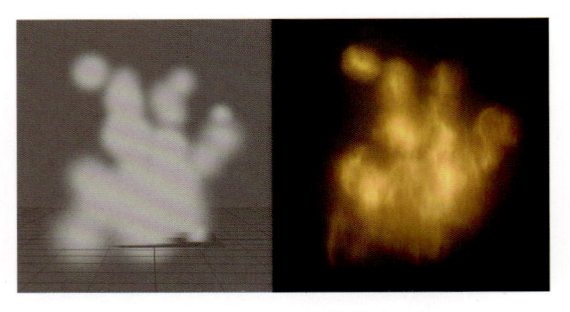

图 6.36　火特效

Maya 大部分火特效都是基于粒子系统制作的，属性比较复杂，这里进行简单介绍，感兴趣的读者可以深入研究。粒子一般有三类属性，当然还有一些下层节点是不能直接看到的，只能通过表达式去控制。三类属性分别是：粒子特性（见图 6.37），指的是粒子本身的状态，如粒子大小、粒子寿命（存活时间）；发射器属性（见图 6.38），如发射速度、方向等；粒子材质（见图 6.39）。

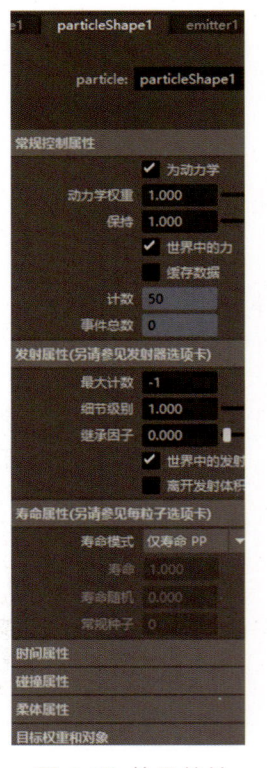

图 6.37　粒子特性　　　　图 6.38　发射器属性　　　　图 6.39　粒子材质

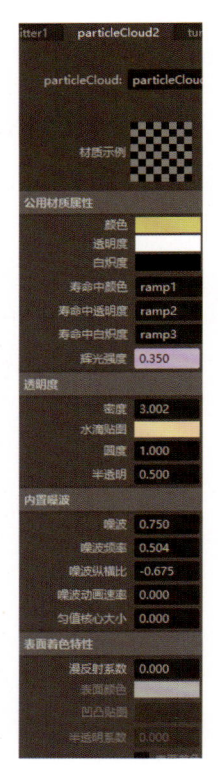

100

接下来介绍 Maya 自带的笔刷。打开菜单栏，进入建模模块，单击"生成"选项卡，显示 Paint Effects 工具，如图 6.40 所示。

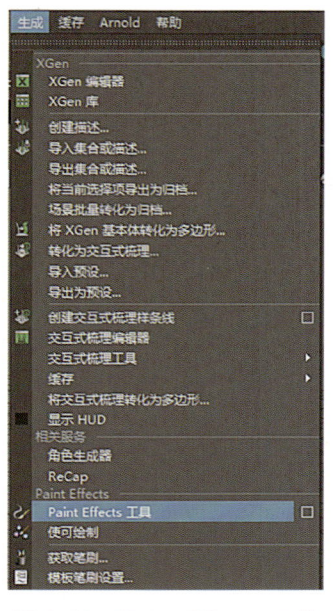

图 6.40 Paint Effects 工具

使用 Paint Effects 工具的方式主要有两种：一种方式是在网格中直接绘制；另外一种方式是在指定的模型上绘制。选择一个面片（这个面片就相当于一块画布），执行"使可绘制"命令。先单击"Paint Effects 工具"复选框，再单击"获取笔刷"命令，弹出一个窗口，这里有一些 Maya 自带笔刷，如图 6.41 所示。

图 6.41 Maya 自带笔刷

以建筑物为例，可以利用 Maya 快速地设计出一些场景。可以看到，这些模型只有粗糙的楼体，如图 6.42(a)所示，此时可以通过增加贴图来解决细节问题，如图 6.42(b)所示。

（a）　　　　　　　　　　　　　　　　　（b）

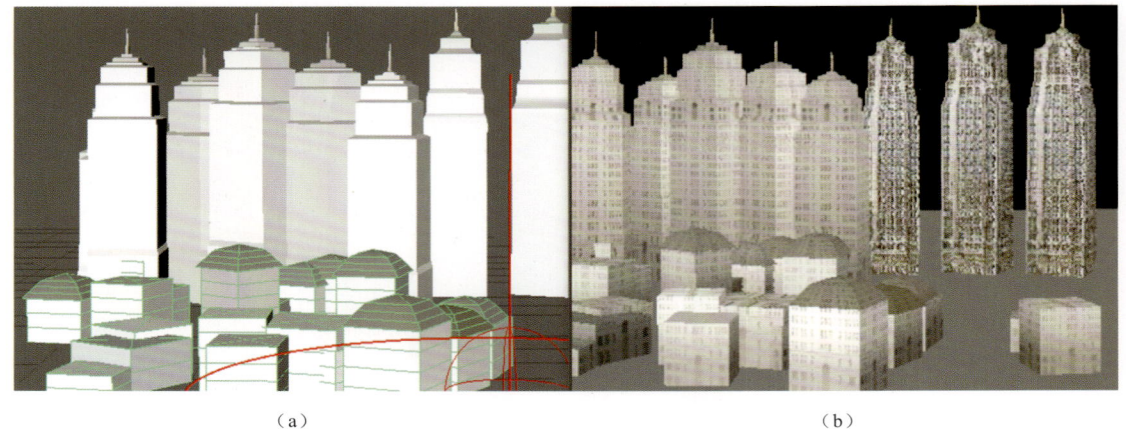

图 6.42　建筑场景

如果渲染出来的笔刷为黑色，则可以将其转为多边形后再进行渲染。笔刷的种类有很多，建议读者多多尝试并观察效果。

例如，在调整面片形状时，火的形态也会随之变化。如果给面片设置动画，那么火的形态也会产生动画效果。可以快速制作类似火流动之类的效果，当然前面讲过的火特效也可以这样处理。

在制作闪电特效前，需要先创建两个 locator。然后打开菜单栏，单击"创建"→"定位器"命令。闪电特效是用曲面模型模拟的，可以随时调整闪电形态（曲面形态），如图 6.43 所示。

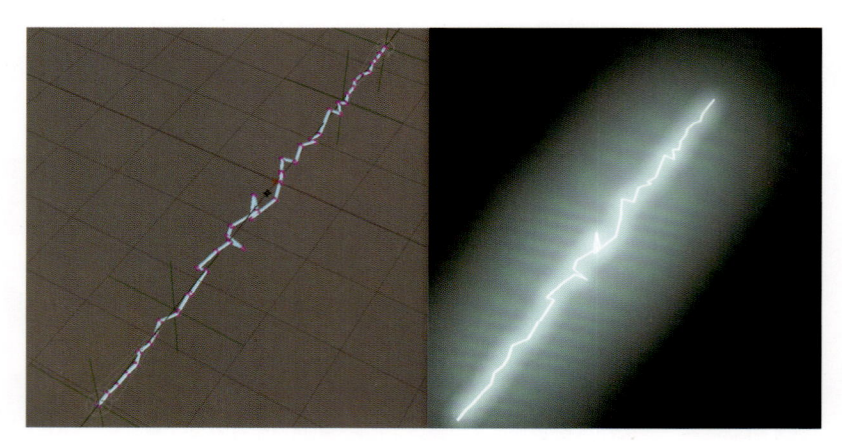

图 6.43　用曲面模型模拟的闪电特效

植物笔刷的属性也很多。其中风场属性，可以模拟风吹动植物的动画。这里主要讲解绘制植物属性，可以制作出类似于生长动画的效果。选中需要绘制的植物节点，在"属性编辑器"中，找到笔刷绘制"间隙"的属性节点。这个属性比较有趣，用它可以模拟植物生长。该值越大，植物的数量就越少；该值越小，植物的数量就越多。

首先给"间隙大小"属性设置关键帧动画，如图 6.44 所示。右击属性，弹出一个菜单，可以选择"设置关键帧"命令，进而设置关键帧。

图 6.44 利用笔刷绘制"间隙"的属性节点

通过调整属性就可以制作植物生长出来的动画效果，如图 6.45 所示。

图 6.45 植物生长出来的动画效果

前面内容介绍过，如果渲染出来的笔刷是黑色的，就转成多边形渲染。需要注意的是，转成多边形后，有些材质会丢失，有些预设动画也有可能丢失。

课程与课后练习

进行特效与笔刷练习。

请扫描右侧二维码查看笔刷特效的内容。

6.9 卡通材质的使用

本节主要介绍卡通材质的使用，也就是 Maya 的三渲二效果。

有些读者会选择使用二维角色动画，然后使用三维场景合成短片。如果想使二维的角色与三维的场景合在一起，看起来更和谐，那么通常会选择使用三渲二的模式来渲染场景。Maya 的三渲二模式，实际上很简单，使用软件渲染器进行渲染即可。

打开之前已经制作好的场景。在渲染模块下的菜单栏中，打开"卡通"下拉菜单，依次单击执行"指定填充着色器"→"着色亮度三色调"命令，如图 6.46 所示。对于二维动画，场景有三阶色度就够用了。

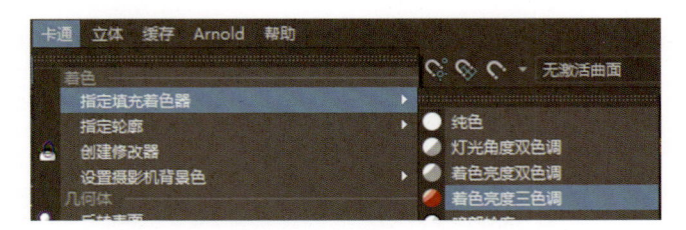

图 6.46 "着色亮度三色调"命令

"着色亮度三色调"实际上就是一个材质球，选中场景模型，并把这个材质赋予给它，直接渲染并查看效果，可以得到一个平面材质的效果。因为"着色亮度三色调"材质没有明暗面过渡效果，因此渲染可以得出一个近似二维上色的扁平效果，如图 6.47 所示。

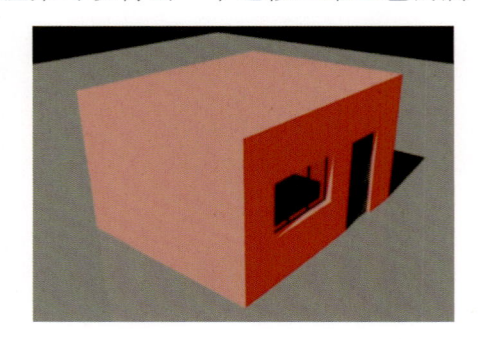

图 6.47 近似二维上色的扁平效果

这个卡通材质球与正常材质球的使用方法是一样的，但是两者调节属性的方法有所区别。下面主要讲解卡通材质的属性节点。

颜色属性实际上是一个渐变色属性，如图 6.48 所示。使用过 Photoshop 的读者会感觉该属性比较眼熟，与 Photoshop 中的渐变色属性相同。

图 6.48 渐变色属性

这个渐变色属性分别表示其暗部、中间色及亮部这三阶颜色。先选中渐变色节点，然后单击"选定颜色"命令后的色块来调整颜色。

需要注意的是，这三阶颜色都是材质球本身的颜色。用三阶颜色的明度、纯度来模拟背光面、受光面及高光面的材质。也就是说，当需要调整材质颜色或贴图时，需要在三个节点同时进行调整。调整颜色后的效果如图 6.49 所示。

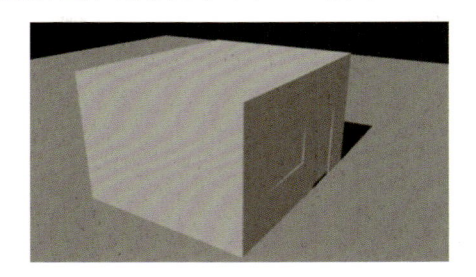

图 6.49 调整颜色后的效果

如果仅为模型赋予卡通材质，则二维效果并不好。二维动画的特点是，除了材质扁平缺少明暗过渡，通常都会有边缘线等线条。下面对线条的相关属性进行介绍。

加轮廓线：用于增加线条。先选中模型，再执行"指定轮廓"命令，如图 6.50 所示。

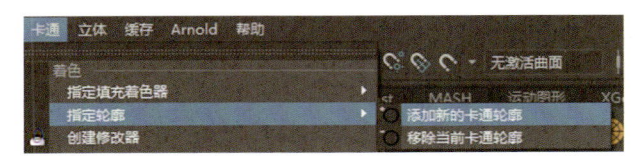

图 6.50 "指定轮廓"命令

通过调整轮廓线属性，可以得到不同的效果。可以在模型的边缘外轮廓及转折的地方自动添加轮廓线。随着镜头角度的变化，轮廓线也会变化。

轮廓线属性如图 6.51 所示，其中比较常用的有线宽度、线宽度贴图、线末端细化、线延伸、线不透明贴图。需要注意，轮廓线属性并不是所有线的属性，在调整时需要注意观察效果。

图 6.51 轮廓线属性

105

线条宽度：用于调整线条的宽度。添加完线条的渲染效果如图6.52所示。可以看出，图6.52中线条的宽度太宽，需要将线条宽度调细一些，调整后的效果如图6.53所示。

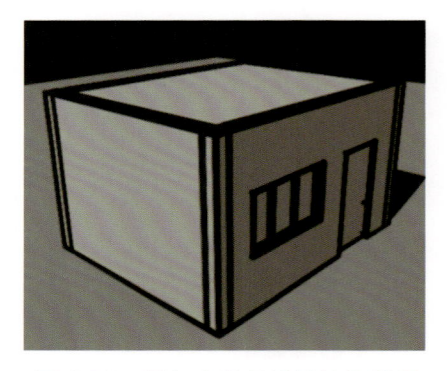

图6.52　添加完线条后的渲染效果 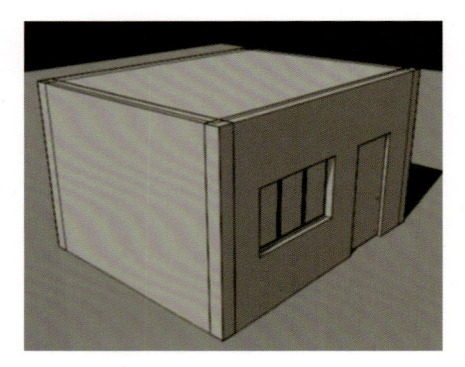　　　　图6.53　将线条宽度调细后的效果

线宽度贴图：用于增加贴图。如果想要一个比较复杂线的线条粗细变化的效果，则可以尝试通过增加贴图来完成。但是增加贴图的效果并不是很直观，需要多次尝试增加。加完之后，线条会变得粗细不一，随机性会比较强。

线延伸：线延伸的效果是线的末端会显示出来，有点类似在画图纸时，没有及时收住笔，多画了一段线。

线末端细化：线末端细化的效果是线的两端会变细，类似鼠头和蛇尾的画法。

图6.54　线末端细化

打开前面制作的家具模型，为家具模型赋予卡通材质，然后为其加上轮廓线如图6.55所示。调整线宽，调到需要的参数即可，如图6.56所示。

图6.55　加上轮廓线的效果 　　　　图6.56　调整线宽的效果

不透明度：该属性也会经常被用到。一般原则是，距离镜头比较近的位置，将不透明度设置得高一些；距离镜头比较远的位置，将不透明度设置得低一些。以达到远近虚实变化效果。

下面主要介绍在渲染过程中出现的两类问题。

（1）渲染轮廓线的穿透问题。在渲染轮廓线时，有时会出现穿透的现象，如图 6.57 所示，这是因为使用 Maya 在进行渲染时，会存在一些方法问题：即线条属于笔刷，在渲染笔刷时，是优先于模型的，因此有可能会出现算法问题，导致出现部分线条遮盖模型的现象。解决该问题的方法是先将笔刷转换为多边形，然后再渲染，这样就不会出现遮挡穿透问题了。

笔刷转换完后，要把原始的卡通线条删除，只保留其多边形属性线条，然后再进行渲染，渲染效果如图 6.58 所示。

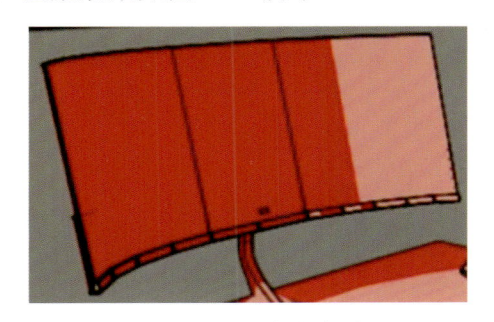

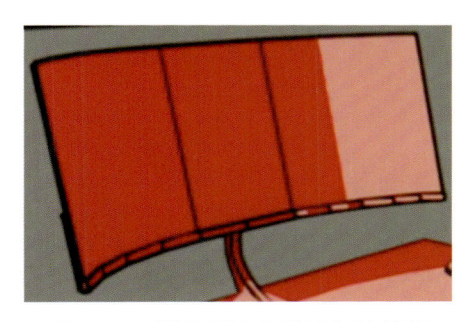

图 6.57 轮廓线穿透　　　　　　　　图 6.58 删除原始卡通线条的效果

由于笔刷渲染精度不高，并且笔刷效果只支持软件渲染器进行渲染，因此相关设置完成后，在渲染前，通常要将笔刷转为多边形后再去渲染，这样可以避免很多问题。

（2）光线方向问题。随着镜头的转动，可以看到光影效果是在不停变化的。因为该场景中没有灯光，使用的是默认灯光，默认灯光是随镜头角度改变而改变方向与位置的。那么实际上加或者不加灯光，对模型材质本身的颜色、质感都是没有影响的。也就是说，当使用软件渲染器渲染卡通材质时，灯光只起到确定光线方向及投射阴影的作用。卡通材质明暗面的变化是靠材质本身的渐变着色器（也就是渐变色）控制的。

如果对灯光方向有要求，那么可以先设计一个方向光，然后再渲染。图 6.59 投影的方向是墙面。换个灯光角度再去渲染，可以看到光线的方向是没有变化的，如图 6.60 所示。

图 6.59 投影的方向在墙上　　　　　　图 6.60 光线方向来自房间的前方

观察图 6.59，可以看到某些地方多出一些线条，包括显示器、椅子靠背等。这是为什么呢？因为之前在制作外边框时，软件会自动计算，从另一个角度看时，这些位置上有一个轮廓边，所以就被自动加上轮廓线。当将笔刷转换成多边形后，镜头也会变化，但是轮廓线却没有变化。所以是否将笔刷转化为多边形，需要斟酌。如果镜头没有太大的变化，渲染之前尽量把笔刷转为多边形；如果镜头变化较大，如有旋转之类的镜头，那么保持原来的笔刷，渲染效果会更好一些。

课程与课后练习

尝试把之前做过的模型场景，设置成卡通材质，并进行三渲二的渲染测试。部分学生作业如图 6.61 和图 6.62 所示。

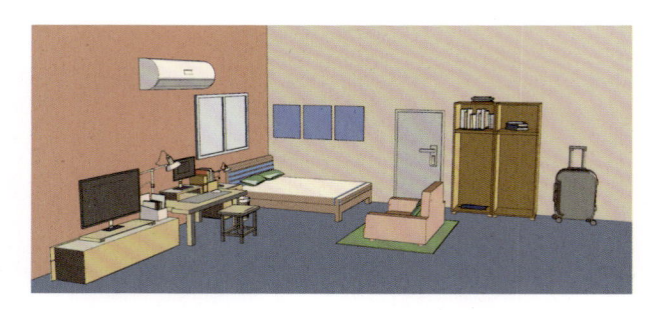

图 6.61　部分学生作业 1

图 6.62　部分学生作业 2

请扫描右侧二维码查看三渲二的内容。

6.10 透明贴图与贴图动画

本节主要介绍透明贴图和贴图动画等相关内容。贴图动画通常用在面部表情上,或者作为一个辅助工具。

先复习下透明通道。首先制作一个面片,然后为其赋予 Lambert 材质,在颜色属性上加贴图,如图 6.63 所示。

在透明通道上加黑白贴图如图 6.64 所示。Maya 的透明通道是通过黑白信息来计算的。通常来讲,只需要有四、五种或者五、六种的树叶。然后通过变形缩放或者旋转就可以做出一组树叶的效果,如图 6.65 所示。然后通过组合将四、五组不同的树叶效果制作出一丛树叶效果。

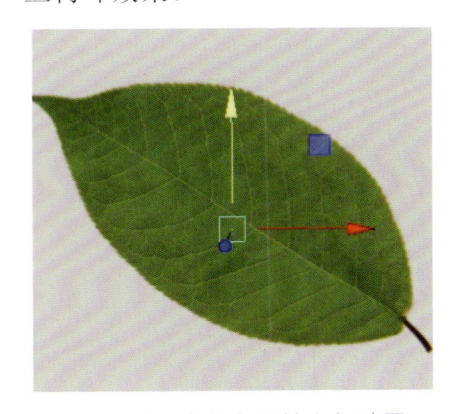

图 6.63 在颜色属性上加贴图

图 6.64 在透明通道上加黑白贴图

在使用软件渲染器进行渲染时,透明通道会存在阴影问题。先制作一个灯光,设置阴影效果,然后渲染并观察效果,可以看到,贴图本身没有问题,但是阴影会出现问题,如图 6.66 所示。

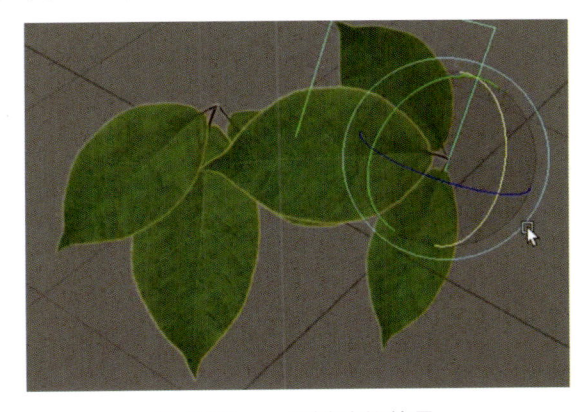

图 6.65 一组树叶的效果

图 6.66 贴图阴影问题

由图 6.66 可知,先在透明通道上增加贴图后,再进行渲染,渲染后,边缘处会出现一些阴影效果，但这个效果看起来并不逼真。那么此时该怎么办？通过调整属性解决，在材质属性中，首先找到"光线跟踪"属性，然后取消对"阴影衰减"复选框的勾选，即将阴影衰减关闭，这样就可以解决透明通道阴影问题了。

树叶的颜色贴图和透明通道贴图，如图 6.67 所示。

图 6.67　树叶的颜色贴图和透明通道贴图

贴图中有一个 Texture 节点，用于控制贴图位置。如果需要调整某些贴图动画，则需要同时调整两个 Texture 节点，而且要保证属性完全一致，该操作比较麻烦。因为要保证两个贴图的坐标必须完全一致，才能保证不出问题，否则会出现透明通道与颜色通道不符的效果，如图 6.68 所示。

图 6.68　透明通道与颜色通道不符的效果

此时如果两个贴图的 Texture 坐标一致，那么就可以用同一个坐标去控制两个贴图。

打开材质属性编辑器，然后在"纹理"栏中，选中"树叶贴图"和"透明通道贴图"，按住鼠标中键，并将其拖到节点操作窗口。单击"输入连接"按钮，显示连接状态。可以看到两个贴图被两个 Texture 轴控制，如图 6.69 所示。接下来，改成由一个 Texture 轴控制两个贴图坐标，如图 6.70 所示。

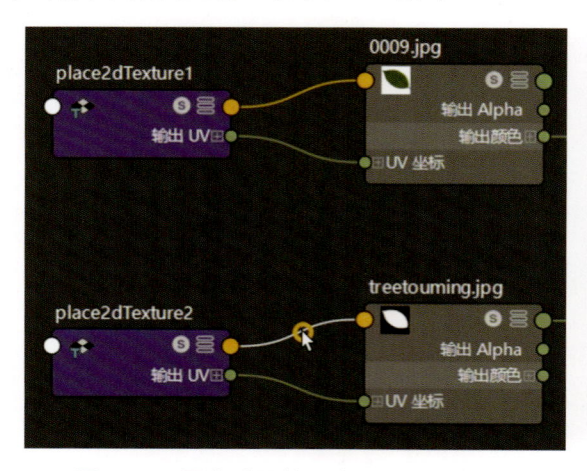

图 6.69　两个贴图被两个 Texture 轴控制 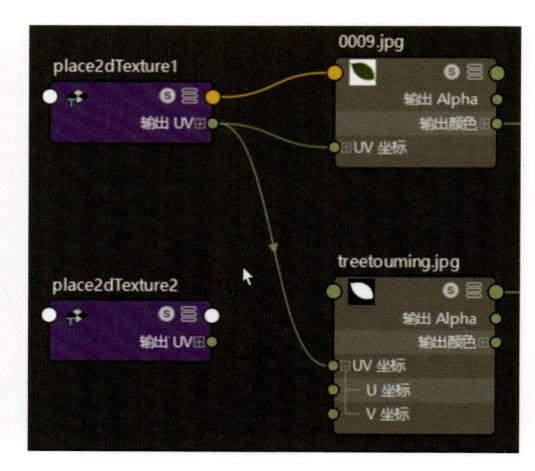　　图 6.70　由一个 Texture 轴控制两个贴图坐标

由图 6.70 可知,将"输出 UV"节点分别连接到两个 Texture 轴的"UV 坐标"节点。此时,两个贴图的两个坐标轴转换为同一个坐标轴。在进行旋转操作时,可以同时控制透明通道贴图和颜色通道贴图。

以上是传统的做法,即分别对颜色通道和透明通道分别做贴图。

目前新版本的 Maya 支持直接识别通道,可以直接给颜色属性一个带透明通道的贴图。软件会把贴图的透明通道识别到透明度上,该过程是自动识别过程。

但是在渲染过程中,使用.png 格式的图片或者是带通道的图片进行自动识别透明通道时可能会出现问题。如果渲染出问题,那么需要分别为颜色通道和透明通道增加贴图,这样是最安全的做法;如果渲染成功没有出现问题,则直接给颜色属性一个带透明通道的贴图,这样会更便捷。

接下来主要介绍贴图动画的制作步骤。

首先,将序列帧作为贴图。注意,要对序列帧进行正确命名。如果序列帧命名错误,则该序列帧是无法被识别的。在制作贴图动画(或称序列帧动画)时,如果出现问题,很大的概率是因序列帧名称错误而引起的。制作贴图动画的方法很简单,指定贴图颜色,并且指定序列帧的第一帧。

勾选"使用图像序列"复选框如图 6.71 所示。拖动时间帧可以看到,序列帧图像编号的数字是随时间帧变化而变化的。

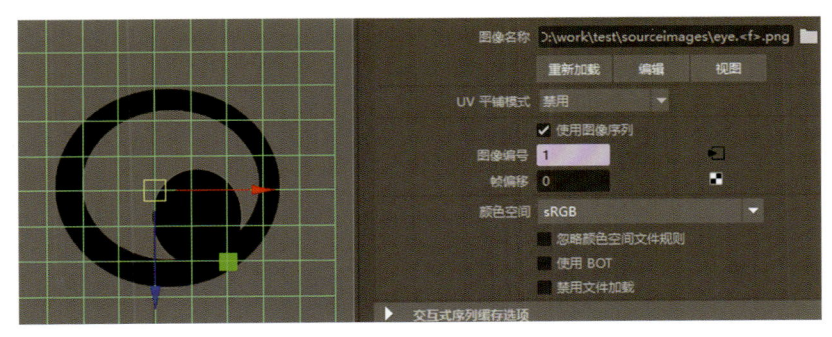

图 6.71 勾选"使用图像序列"复选框

控制图像编号属性的表达式为 file5.frameExtension=frame。这个表达式的意思是:贴图 5 的序列帧号=时间帧数。此时会有一个问题,如果序列帧只有 3 帧,那么当时间到第 4 帧时,贴图就会消失,因为后面没有序列号,无法计算,如图 6.72 所示。

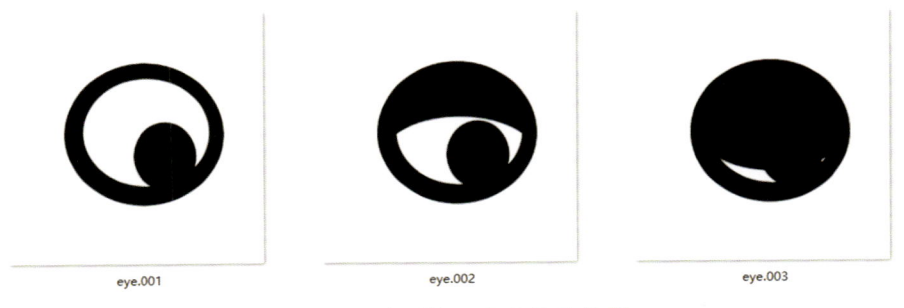

图 6.72 序列帧只有 3 帧的效果

有时动画效果需要一直眨眼睛，眼睛不停地动，这时该如何处理？通过更改表达式 file5.frameExtension=frame 的方法实现起来是比较困难的。有一种简单的方法，即直接右击图像编号表达式，将表达式删除，该过程可以直接手动设置。时间在第 1 帧的情况下，序列帧图像编号是 1，直接设置关键帧。当时间帧数是 3 时，图像编号也是 3，然后再设置关键帧。拖动时间第 1 帧、第 2 帧、第 3 帧，再往后就不动了，但是图像还存在。那么怎么去调整？此时需要用到曲线图编辑器。

在曲线图编辑器中找到关键帧节点并对其进行编辑。如果直接选择模型，关键帧节点是不显示的。因为关键帧节点是在贴图上的，所以首先要找到贴图的节点，然后在材质编辑器中，选中该材质节点后，动画编辑器就会显示序列帧动画的曲线，如图 6.73 所示。

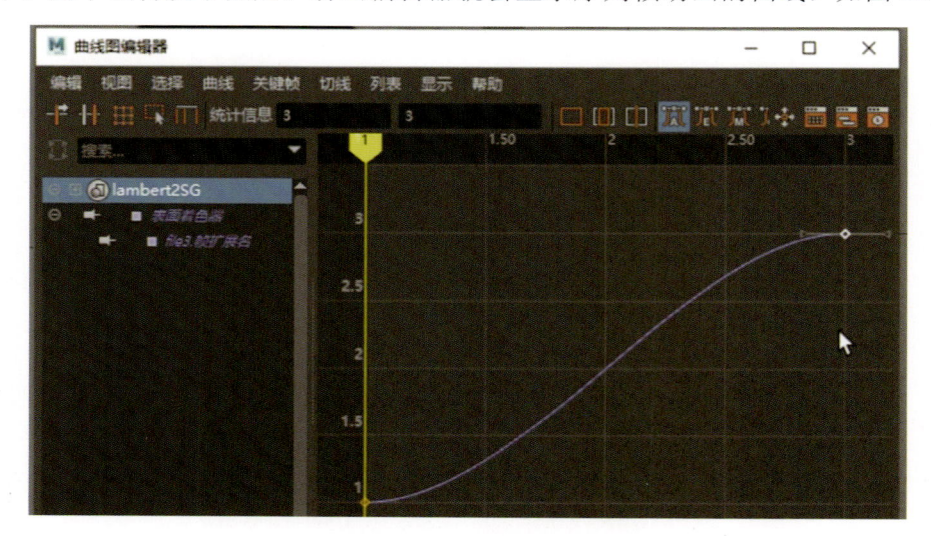

图 6.73　曲线图编辑器

如果需要眼睛眨得慢一些，就可以按住鼠标中键将帧数向后拖。当然也可以直接在"统计信息"中进行调整。

如果想实现如下效果，即第 16 帧闭上眼睛，然后到第 40 帧时，睁开眼睛，该如何操作？首先复制闭眼睛的关键帧，然后在第 40 帧时，将该关键帧粘贴过去。反复利用复制、粘贴功能，可以制作相对比较复杂的贴图动画。因此贴图动画被广泛应用于表情动画制作中。有些学生的课程作业会选择使用二维角色制作一些动画，然后用三维场景去渲染，此时也可以用这个方法。当然也可以在输出后，在后期软件里面合成动画。还可以直接在三维场景中将二维动画贴在面片上，并在场景中一起渲染。

曲线编辑器用于调整曲线形状，如设置无限曲线，那么该动作会循环播放。

课 后 总 结

三维动画基础的相关内容到这里就告一段落了。对于初学者来说，熟练掌握基础命令，制定合适的项目解决方案，远比花费大量时间去研究复杂命令更有效。

课程与课后练习

制作场景动画或者二维角色的三维场景动画。

请扫描右侧二维码查看贴图动画的内容。

请扫描右侧二维码查看课程作业范例。

6.11 Maya 初学者易遇到的问题及解决方案

本节总结了 Maya 初学者易遇到的问题，并给出解决方案，希望能帮助初学者尽快入门。

第一种情况：初学者遇到的第一个问题，就是会把界面弄乱，或者有些显示、锁定、设置出现问题。遇到这种问题的解决方案是，关闭 Maya，打开"我的电脑"，找到"我的文档"，或者"文档"文件夹，如图 6.74 所示。系统版本不同，路径与名称可能会有差别。在"文档"文件夹中，找到 Maya 文件夹，并将其删除。该文件夹内记录的是 Maya 运行后的信息。删除 Maya 文件夹后，相当于重置 Maya 软件至刚安装完的状态，相当于手机的恢复出厂设置。重新运行 Maya，就可以解决这些问题了。但是要注意的是，一旦重置，那么之前做的设置也都无效了，需要重新设置。

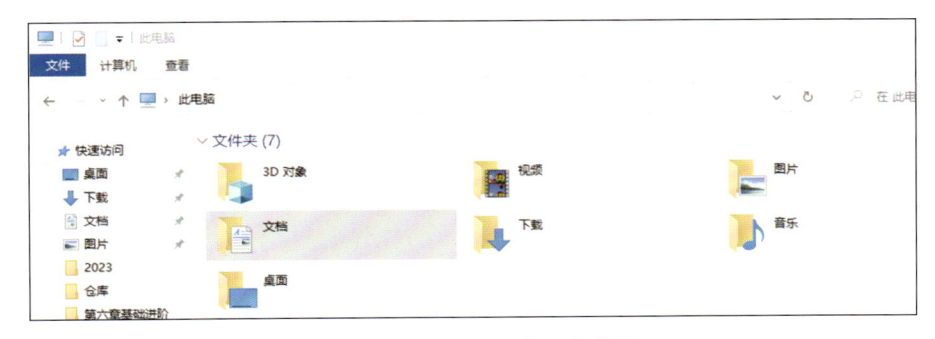

图 6.74 找到"文档"文件夹

第二种情况：非法操作导致建模无法进行。在操作过程中，由于操作不当，导致产生非法操作或非法界面，导致下一步操作无法进行。在这种情况下，首先要确定是不是模型出了问题。新建一个基础几何模型，进行操作，如果没问题，就说明不是软件设置的问题。其次，选中该模型，先删除历史记录并导出，再新建场景导入该模型。如果还有问题，那就基本可以确定是模型本身出了问题。打开超级编辑器和菜单栏，依次单击"窗口"→"常规编辑器"→"Hypergraph：连接"复选框，如图 6.75 所示，观察有没有出问题的节点，如果有则将这类节点删除。这一步是解决由误操作带来的问题，如加了关键帧动画、设置了一些有问题的节点等。

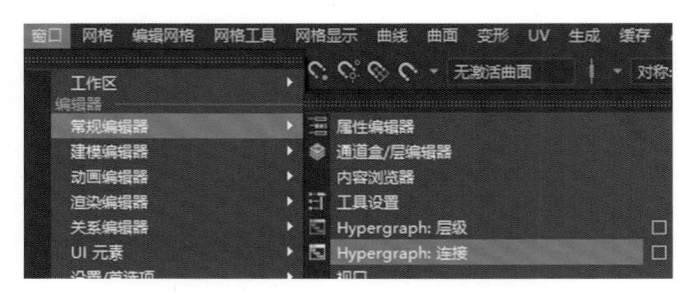

图 6.75　勾选"Hypergraph：连接"复选框

打开多边形计数器和菜单栏，依次单击"窗口"→"题头显示"→"多边形计数器"命令。选中模型所有点，执行"合并"命令，将"合并"命令参数调到最小值，但不是 0。观察点数变化，如果点数减少，就可能有重合面之类的操作。

如果不会使用以上两种操作也没关系，还有一种终极解决方法，即选中模型一半的面执行删除操作，再检查是否还有问题。用这种方法可以逐步找到是哪里出的问题。只要找到问题所在，无论是删除有问题的面，还是直接解决就都容易了。如果使用以上方法都无法解决问题，那么就将模型删除再重新建一个。理由很简单，重新做一个模型比继续找解决方法更方便。

第三种情况：在使用软件渲染器渲染时出现问题。如果是阴影渲染不出来，那么需要在渲染设置中勾选"光线跟踪"选项。如果渲染的画面与输出的画面在明度上有差别，那么不用担心，这是正常情况。因为 Maya 渲染有自动调整伽马值功能，只要输出后在后期软件中给素材同样的伽马值就可以了。

第四种情况：择物体时出现问题。表现为无法选中物体，或物体一格一格地移动。这时需要检查是否进行了锁定，或者移动工具设定是否出了问题。解决方法是解除锁定。群、物体、次物体节点锁定图标如图 6.76 所示。

图 6.76　群、物体、次物体节点锁定图标

如图 6.77 所示的是模型属性被锁定的情况。

图 6.77　模型属性被锁定

吸附功能图标如图 6.78 所示。

图 6.78　吸附功能图标

如果是移动工具设置出了问题，则需要重置工具，如图 6.79 所示。

图 6.79　重置工具

第五种情况：显示出现问题。由于误操作导致的显示问题有很多，其中大部分可以用第一种情况的解决方案解决。如果是由于场景出现的显示问题，可以用第二种情况的解决方案解决。还有一种情况是模型可以正常操作，但是模型表面出现了一些没有设计的效果，包括但不限于以下几种，如图 6.80 所示。

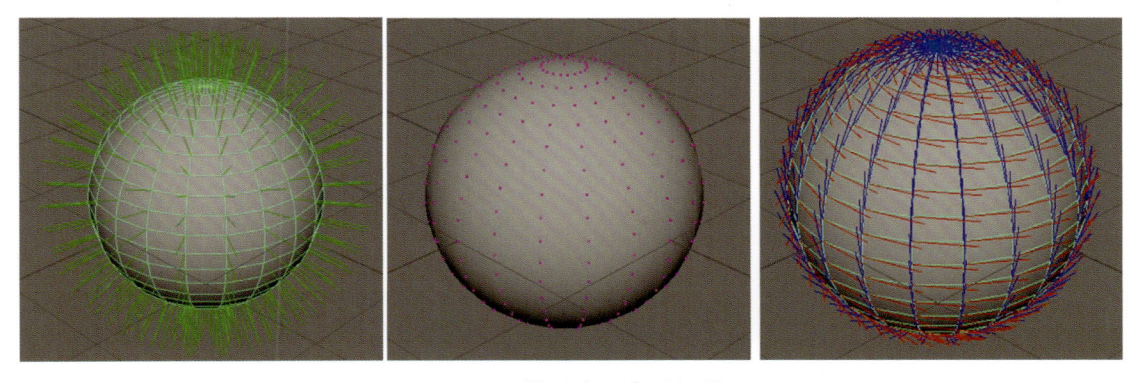

图 6.80　模型表面出现问题

如果是以上这些情况，则打开菜单栏，单击"显示"→"多边形"命令，逐个单击检查具体是哪一项出现问题。

总之，初学者在遇到问题时，大部分都不是技术问题，基本都是由操作不当引起的，遇到问题要学会使用排除法找到问题的根源，如果找不到，重置、重做也是常规选择。